2050
순환경제

2050 순환경제

지속가능한 사회실현을 위하여

김기현 · 박창협 · 이동성 · 천영호 저

씨아이알

들어가는 말

"내 생각조명에 딸깍 불이 켜졌다."

기후변화대응기술이 주목받고 있다. 저탄소 에너지로 전환이 필요하고, 전기차와 수소차가 일반화되고 있다. 그러나 경제성, 친환경성, 지속가능성, 확장성을 모두 만족하는 해결책이 없다는 사실은 우리의 고민을 더욱 깊고 복잡하게 한다. 현재 머릿속이 복잡한 상황에서 생각조명에 딸깍 불이 들어온다면 얼마나 행복할까?

오늘 해결해야 할 일은 많은데 그에 대한 해법은 부족한 현실이다. 인류가 의식주 생활을 지속하는 한 필연적으로 발생하는 폐기물은 환경오염과 자원고갈 문제를 만들어낸다. 이 문제를 해결하기 위해서는 제품의 공유, 재사용, 재제조, 재활용과 같은 자원순환형 경제시스템 구축이 필요하다. 이 책을 통해 생산하고 소비하는 경제에 재활용을 추가하여 순환형−상생형−지속발전형 순환경제 이야기로 우리의 생각조명을 딸깍 켜보고자 한다.

1장: 지속가능한 발전을 위한 순환경제

과거 산업혁명과 함께 석탄, 철강의 수요가 급증했던 것처럼 기후변화로 인한 탄소중립 달성을 위한 신재생에너지, 전기차 등의 투자로 관련 광물들의 수요가 급증하고 있다. 이러한 신재생에너지 중심의 에너지전환 역시 광물자원의 매장 및 가공지역이 일부 국가로 치우쳐 있어 공급망 리스크와 자원안보 문제를 일으키고 있다. 순환경제의 정의 및 발전과정, 주요 국가의 순환경제 정책, 국내외 폐기물산업 현황과 광물자원 이슈 등에 대하여 설명한다.

2장: 배터리 순환경제

이차전지는 친환경과 전기화라는 미래산업의 메가트렌드를 대표한다. 이차전지의 기본원리를 설명하고 이차전지의 주요 소재물질로 사용되는 광물자원의 수요와 공급 현황 및 그에 따른 배터리 순환경제의 필요성을 살펴본다. 또한 이를 위한 이차전지 재사용·재활용 기술과 관련 정책 등을 알아본다.

3장: 플라스틱 순환경제

플라스틱은 20세기 이래 산업발전의 핵심이지만 대체재가 부족한 한계를 가지고 있다. 지난 20년간 플라스틱의 생산량과 폐기량은 2배가량 증가하였으나 재활용률이 9% 수준에 머무르는 비체계적인 처리로 환경오염의 주범이 되어왔다. 플라스틱의 재활용 방법을 기계적·화학적·열분해·가스화 기술로 구분하고 각 방법론의 장단점을 분석한다.

4장: 태양광 패널 순환경제

태양광은 분산형 신재생에너지의 중점투자 분야이지만, 대규모 폐패널 회수시기가 도래하지 않아서 순환경제 체계는 미정립되어 있다. 결정질 실리콘 태양전지를 중심으로 폐패널의 유용자원을 회수하는 기술과 주요 국가의 정책방향을 소개한다.

탄소중립과 에너지전환의 시대적 요구로 순환경제에 대한 관심이 높아지고 있는 시점에서, 저자들은 새로운 생각을 발굴하고 에너지 신산업 교육과 연구확산에 기여하는 책을 출간하고자 하였다. 따라서 순환경제의 현황과 기술적·경제적 의미, 미래 전망 등 다양한 내용을 포함하고 있는 이 책은 대학 교과목으로 관련 학문을 처음 접하는 학생뿐만 아니라 일반인들도 쉽게 접근할 수 있는 순환경제 입문서로서의 역할을 할 수 있을 것이다. 앞으로 순환경제에 관한 책의 내용이 발전할 수 있도록 많은 지적과 발전상에 대한 독자 여러분의 요청을 기대하고 있다. 마지막으로 이 책의 출간을 허락해주신 도서출판 씨아이알에 깊은 감사를 전한다.

2024년 5월
저자 일동

차례

1장

지속가능발전을 위한 순환경제

▼▼
▼

- 순환경제: 제품의 공유, 재사용, 재제조, 재활용 등을 통한 자원순환형 생산과 소비의 경제모델이며 탄소중립 달성을 위한 중요한 이행수단(비교: 선형경제)
- 순환경제는 폐기물로 인한 환경오염 방지와 자원고갈 문제의 해결 방안. 2023년 현재 고체 폐기물의 절반 이상은 매립 또는 소각되며 재활용은 16% 수준이므로 순환경제는 높은 부가가치 창출로 시장성장 기대
- 탄소중립을 위해 신재생에너지 중심의 에너지전환이 진행 → 주요 광물자원의 수요 증가로 공급망 리스크와 신자원전쟁 시대 도래
- 에너지신산업과 에너지전환 과정에서 공급망 리스크를 완화하는 적극적이고 실현가능한 방법은 소비에서 재활용 기술에 근거한 순환경제형 지속적 성장체계 구축 필요
  - 에너지 순환: 재생에너지 확대 및 에너지 효율화
  - 생물기반 순환: 재농업, 목축업, 어업 등의 생물자원 순환
  - 광물기반 순환: 천연자원 기반의 제품, 부품 및 서비스의 순환
  - 순환소비: 소비단계에서 순환과 공유의 확산

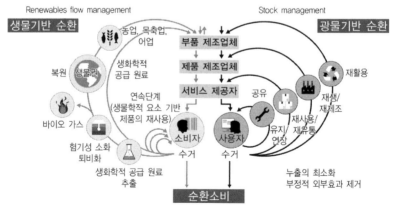

출처: 엘렌 맥아더 재단, 2013.

[엘렌 맥아더 재단의 '나비모형(Butterfly Diagram)' 순환경제 모형]

지속가능발전을 위한
순환경제

1.1 순환경제란 무엇인가?

1.1.1 선형경제에서 순환경제로

순환경제(Circular Economy)는 탄소중립 달성을 위한 중요한 이행수단 중의 하나로서 제품의 공유, 재사용, 재제조, 재활용 등을 통한 자원순환형 생산과 소비의 경제모델이다. 순환경제는 자원의 사용과 폐기를 최소화하고 가능한 모든 자원을 순환고리에 포함하여 활용함으로써, 인류의 지속가능성을 확보하기 위한 경제모델로서 주목받고 있다. 지난 약 250년간 우리 인류가 사용하고 있는 에너지·광물 자원에 대한 '채취-생산-폐기(Take-Make-Dispose)'의 경제모델을 선형경제(Linear Economy)라고 한다. 이러한 선형경제는 유한한 화석에너지 기반의 산업혁명을 통하여 높은 경제성장을 이루어 왔지만, 21세기 들어 지구온난화, 자원고갈이라는 기후에너지환경의 부작용이 심각해지면서 인류의 지속가능한 삶을 위협하고 있다.

대부분의 생물다양성 손실과 수자원 고갈은 화석에너지와 광물자원의 추출과 가공 과정에 기인한다. 또한 이렇게 생산된 자원을 활용한 제품 생산, 소비와 폐기 과정에서 전 세계 온실가스의 약 45%가 발생하고 있다. 한편 세계경제포럼(WEF, World Economic Forum)에 의하면 매년 세계 경제로 유입되는 1,000억 톤의 원자재 가운데 8.6%만이 다시 경제로 순환되어, 91%의 순환성 격차가 발생하고 있다. 따라서 인류의 지속가능한 발전을 위해서는 자원의 보존과 재활용을 위한 순환경제가 더욱 중요해지고 있다.

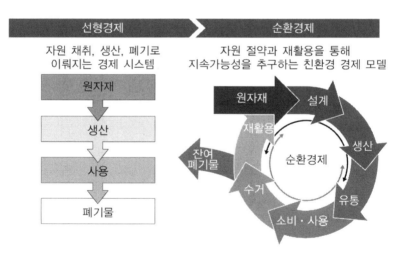

출처: PwC, 2022.

그림 1.1 선형경제와 순환경제

순환경제의 목적은 기존의 일회용 제품 사용이나 폐기물 처리 방식에서 벗어나, 제품과 자원의 라이프사이클을 연장하고, 재사용과 재활용을 최대화함으로써 경제적·환경적·사회적 가치를 높이는 데 있다.

2020년 세계경제포럼에서는 순환경제를 통한 글로벌 경제효과가 2030년까지 4조 5천억 달러(약 5,800조 원)에 이를 것으로 예상하였다. 영국의 엘렌 맥아더 재단(Ellen MacArthur Foundation)은 순환경제가 제조업에 도입될 경우 유럽에서만 매년 3,400억~6,300억 달러의 물질 투입비용의 감소 및 에너지 소비의 37%를 감축할 것으로 전망하였다.

1.1.2 경제성장과 유한한 자원의 딜레마

로마클럽(Club of Rome)은 1968년 4월 '인류에게 다가오는 위기'에 대한 문제의식을 가진 유럽의 경제학자, 과학자, 기업인 등 36명이 모여 이탈리아 로마에서 결성한 단체이다. 로마클럽에서 미국 매사추세츠공과대학교(MIT, Massachusetts Institute of Technology)에 의뢰하여 1972년에 발표한 '성장의 한계(The Limits to Growth)'라는 보고서는 1900년부터 1970년까지의 전 세계 자료를 사용하여 인류 경제활동의 지속가능한 한계에 대하여 2100년까지 컴퓨터 시뮬레이션을 수행한 결과를 바탕으로 작성되었다. 이 보고서에서는 세계 인구 증가, 자원 소모, 환경 오염, 기후 변화 등 인류 활동이 지구상에서의 인류의 지속가능한 수준을 넘어서고 있음을 지적하였다. 지금 살던

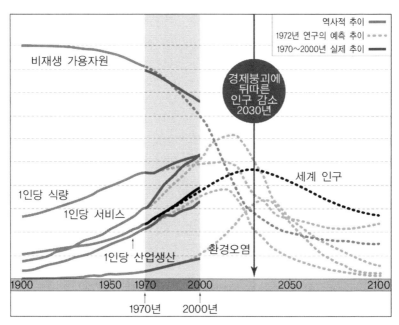

출처: 호주 CSIRO, 2008.

그림 1.2 성장의 한계에 의한 미래 예측

대로의 방식을 계속 유지한다면 21세기 안에 경제성장이 한계에 도
달하는 것을 넘어 2030년에는 세계 경제 붕괴와 급속한 인구 감소가
일어날 수 있다고 경고하였다.

물론 당시의 저명한 경제학자들은 동의하지 않았지만, 2008년 호
주 연방과학기술원(CSIRO, The Commonwealth Scientific and Industrial
Research)의 연구에 의하면 그림 1.2의 1970~2000년 사이의 실선으
로 표시된 바와 같이 실제 비재생 가용자원, 1인당 산업생산, 세계 인
구, 환경오염 등의 주요 지표들이 현 상태로 진행 시나리오(Scenario As
Usual)와 비교했을 때 거의 유사한 추세를 보이고 있음을 지적하였다.

무엇보다도 석유, 철, 알루미늄 등 천연자원의 부존량 한계가 경제성장에 제약 요인이 될 수 있음을 강조하였다. 지구상의 천연자원의 고갈은 생산성 감소와 가격 상승을 초래함으로써 경제활동의 규모와 속도를 제한할 것이다. 또한 환경오염으로 인한 환경 위기는 21세기에 더욱 심화되어 2020년에 정점을 이룰 것으로 추정하였다. 2021년 글로벌 회계법인인 KPMG의 지속가능성 연구팀이 최근 실증 데이터를 기반으로 성장의 한계의 결론을 업데이트하였는데, 출간 50년이 지난 '성장의 한계'에서 내린 결론이 여전히 유효함을 재확인하였다. 우리 인류가 현재와 같이 행동할 경우 지구상의 인류문명의 궤적은 향후 10여 년 이내에 돌이킬 수 없는 경제성장 쇠퇴를 겪는다는 것이다. 최악의 시나리오에서는 2040년을 전후로 사회적 붕괴를 촉발할 수 있다고 경고하였다.

이스라엘의 바이츠만 과학연구소(Weizmann Institute of Science)에서 2020년 발표한 인공물(anthropogenic mass)과 자연물(biomass)의 생산 비교 연구에서는 인공물 생산이 자연물 생산을 초과했다는 결과가 나왔다. 인공물은 인간이 생산한 모든 물질을 의미하며, 플라스틱, 콘크리트, 금속, 유리 등 다양한 종류를 포함한다. 인간이 만든 인공물의 총 질량은 20년마다 2배로 증가하여 2020년 기점으로 1.1조 톤(건조중량)이 되어 마침내 자연에서 만들어진 자연물의 총 질량인 1.0조 톤을 넘어섰다. 지구상의 모든 생명체 중에서 0.01%밖에 차지하지 않는 인간이 자신들 몸무게의 1만 배가 넘는 물건들을 만들어냈다는 의미이다. 이러한 인공물의 대부분을 차지한 것은 콘크리트와 골재, 벽돌이나 아스팔트 같은 건설재들로 주로 암석과 석유를 원료로 해서 생산된다. 반면, 자연물은 자연에서 발생하는 모든 물질을 의미하며 나무, 식물, 동물 등 생명체와 그들의 생산물을 포함한다. 인공물과 자연물의 생산량이 비슷하거나 더 많은 인공물이 생산되고 있다는 것은 인간의 경제활동이 지구 생태계에 미치는 영향이 자연과의 균형을 깨고 있다는 것을 의미하고, 머지않은 미래에는 자원 고갈, 환경오염, 기후 변화 등의 문제로 귀결될 수 있음을 시사한다.

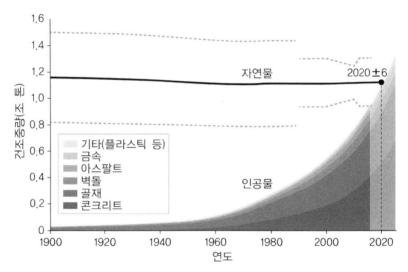

출처: Weizmann Institute of Science, 2020.

그림 1.3 인류문명 발전에 따른 인공물의 증가(컬러 도판 p. 223 참조)

제2차 세계대전 이후 기하급수적인 경제성장으로 인해 지금 우리는 꽉찬 세상(full world)에서 살고 있지만, 여전히 미래를 위한 충분한 공간과 자원이 있는 텅빈 세상(empty world)에 살고 있는 것처럼 행동하고 있다. 텅빈 세상은 어류, 나무, 광물 등의 자연자원이 무한히 있는 것처럼 소비되고 폐기되는 세상으로, 경제성장과 생태계 사이에 갈등이 없는 곳이다. 그러나 20세기 중반 이후 세계 인구는 20억 명에서 80억 명으로 세 배 이상 증가하였고, 닭, 돼지, 콩과 옥수수 등의 생물 및 자동차, 건물, 냉장고 및 휴대폰 등의 무생물 개체도 빠르게 증가하고 있다. 비유하자면, 과거에는 바다에서의 어획량이 어선과 어민의 수에 의해 제한되었지만, 지금의 꽉찬 세상에서는 물고기의 수와 번식 능력에 의해 제한되는 시점이 되었다. 요컨대, 이제는 어선이 많다고 해서 더 많은 양의 물고기를 잡을 수 있는 시대가 아닌 것이다.

　이러한 지구상의 자연자원의 한계성과 관련하여 생태경제학자인 허먼 데일리(Herman Daly)는 '텅빈 세상, 꽉찬 세상'이란 시나리오를 통해서 자연계와 인간경제의 상호작용에 대한 문제를 제기하고, 환경문제와 자원고갈 문제를 해결하기 위한 방안으로 지속가능한 경제

텅빈 세상(empty world)　　　　　　꽉찬 세상(full world)

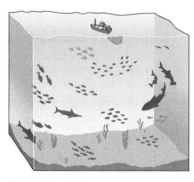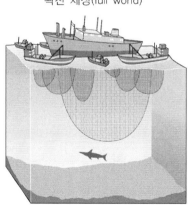

출처: 허먼 데일리, 2015.

그림 1.4 텅빈 세상과 꽉찬 세상

모델을 추구해야 한다고 주장하였다. 현재와 같이 꽉찬 세상에서는 자원 절약과 재사용, 재활용 등의 순환경제를 적극적으로 추구해야만이 지구상의 자원고갈 문제와 환경문제를 해결하고 지속가능한 발전을 이룰 수 있을 것이다.

요약하면, 인류의 지속가능한 발전의 주요 위협요인으로 1970년대의 자원고갈, 1990년대의 인구의 폭발적 증가, 2000년대에서는 화석연료 사용에 따른 기후변화를 들 수 있다. 현재 우리는 탈탄소 · 저탄소 에너지로의 전환과 함께 유한한 자원을 고려하는 순환경제를 통하여 인류 발전의 지속가능성을 제고하여야 하는 시점이다.

1.1.3 지속가능발전을 위한 순환경제의 확산

순환경제의 개념은 1970년대에 환경보호 운동과 함께 시작되었고, 1972년에 로마클럽은 '성장의 한계' 보고서를 통하여 인류발전의 장해요인으로 자원의 한계와 불균형 경제성장을 지적하였다. 1987년에 유엔의 '우리 공동의 미래(Our Common Future)'라는 보고서에서 지속가능한 발전의 개념이 처음으로 정의되었으며, 이를 토대로 환경보호와 지속가능한 발전을 위한 정책들이 추진되기 시작하였다. 1990년대 후반부터는 자원의 효율적인 이용과 재활용을 중심으로 한 '산업 생태학(Industrial Ecology)' 개념이 제시되었다. 그 후, 2010년대 초반부터 영국의 엘렌 맥아더 재단에서 제시한 '순환경제'의 개념이 정립되기 시작하였다.

순환경제를 현실화시키고자 한 대표적인 국가는 스웨덴이다. 스웨덴은 이미 1960년대부터 폐기물 관리와 재활용에 대한 법률과 규정을 시행하고, 자원 보존과 재활용을 적극적으로 추진하고 있다. 스웨덴은 2013년에 거의 모든 폐기물을 재활용하거나 에너지로 활용하는 것을 목표로 세웠다. 일본은 1970년대 초반, 급격한 경제성장으로 인한 자원 낭비와 환경오염 문제가 심각해지자, 더 효율적인 자원활용과 폐기물 문제 해결을 위해 순환경제 개념을 도입하였다. 일본의 순환경제는 '3R'이라고 불리는 원칙을 중심으로 구성되어 있다. 3R은 Reduce(감축), Reuse(재사용), Recycle(재활용)의 첫 글자를 따서 만들어졌으며, 자원의 효율적인 활용과 재활용을 중요시하는 원칙이다. 실천적 방안으로 「자원순환경제 기본법」으로 불리는 「자원재활용 촉진법」을 2000년 5월에 제정하고 자원순환 활동을 선도적으로 추진해오고 있다.

스웨덴과 일본을 시작으로 많은 국가가 순환경제를 적극적으로 추진하고 있다. 네덜란드는 1990년대부터 순환경제 개념을 도입하였으며, 2016년에는 「원자재법(Raw Materials Act)」을 제정하여 2030년까지 자원의 50% 이상을 재활용하고, 100% 환경친화적인 제품을 생산하는 것을 정책 목표로 설정하였다. 이 목표를 달성하기 위해 쓰레기 분리수거 시스템을 구축하고, 재활용에 필요한 기술 개발과 투자를 활발히 진행하고 있다. '네덜란드 경제 2016'에서 순환경제를 추진하는 계획을 발표했으며, 이를 바탕으로 네덜란드 정부는 다양한 정책과 프로그램을 추진하고 있다. 독일은 1994년에 쓰레기 분리수거와 재활용을 위한 법률을 제정함으로써 순환경제를 법제화하였다. 2016년에는 「순환경제법(Circular Economy Act)」을 발표하여 2030년까지 자원의 65% 이상을 재활용하고, 100% 친환경적인 제품을 만드는 것을 목표로 설정하였다. 2020년 2월에는 '효율적 자원 이용 프로그램(Ressourceneffizienzprogramm)'을 발표하여, 2030년까지 자원의 효율적인 이용을 위해 다양한 정책과 조치를 추진하고 있다. 또한, 중국은 대기오염과 자원낭비가 심각한 상황에서 순환경제 개념을 도입하였다. 2015년에는 '중국제조 2025(Made in China 2025)' 계획을 발표하여 2025년까지 자원의 효율적인 활용과 재활용률을 높이는 것을 목표로 설정하였다. 이를 위해 자원 재활용 산업 발전을 적극 지원하고, 쓰레기 발생량을 줄이기 위한 정책을 시행하고 있다.

특히 유럽은 그린 딜(European Green Deal)과 함께 순환경제를 탄소중립을 위한 정책 수단 중 하나로 강력하게 추진하고 있다. 2015년에 유럽은 역내의 자원 효율성을 개선하고, 자원 재활용과 회수를 촉진하며, 자원과 환경을 보호하는 데 중점을 둔 최초의 순환경제 정

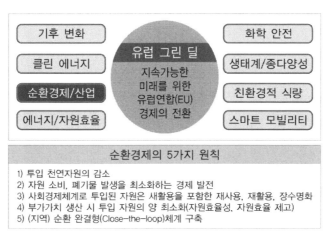

출처: 유럽연합의회, 2019.

그림 1.5 유럽 그린딜 주요 정책 분야

책인 '순환경제 패키지(Circular Economy Package)'를 발표하였다. 이 정책은 '제로폐기물유럽(Zero Waste Europe)'을 추구하며, 유럽연합(EU) 회원국들이 자원을 효과적으로 관리하고 재활용해서 경제적 가치를 창출하는 새로운 경제모델을 구축하는 것을 적극적으로 지원하는 데 목적을 두고 있다.

이후에도, EU는 순환경제 정책을 강화하기 위해 다양한 정책들을 발표하였다. 예를 들어, 2018년에는 '플라스틱 지침(Guidelines on Plastics)'을 발표하여 플라스틱 제품의 생산과 사용에 대한 지속가능성을 강화하였다. 이 지침은 플라스틱 제품 생산과 사용의 전 과정에서 자원과 환경을 보호하고, 폐기물을 최소화하고 재활용을 촉진하는 데 중점을 두었다. 또한, 2020년 3월에 '신순환경제 실행계획(NCEAP, New Circular Economy Action Plan)'을 발표하였다. 가장 많은 자원을 소비하고 자원순환 가능성이 높은 전자제품, 정보통신 기기, 배터리, 자동차 포장재, 플라스틱, 의류(섬유 포함), 건설자재, 음식물, 물과 영양분 등에 집중한 조치 마련을 포함하고 있다. 2020년에는 '새로운 원자재 전략(New Raw Materials Strategy)'을 발표하여 새로운 광물 및 원자재의 다양성을 증대시키고, 유럽의 자원 공급 안정성을 향상시키는 데 중점을 두고 있다. 최근 2023년 12월 5일 EU 이사회와 유럽의회는 EU 집행위원회가 제안한 제품의 설계 단계에서부터 준수해야 하는 환경 및 에너지효율에 관련된 요구사항을 명시한 '에코디자인 규정(ESPR, Ecodesign for Sustainable Products Regulation)'의 개정안에 관한 합의를 도출하였다. 에코디자인 규정이란 EU의 그린딜 목표 달성의 일환으로 생산·유통·판매자가 제품의 설계 단계에서부터 준수해야 하는 환경 및 에너지효율에 관련된 요구사항을 명시한 지침으로, 수입품을 포함해 유럽 역내에서 유통되는 가전, 변압기 등 에너지를 사용하는 제품의 에너지 효율 관련 준수사항을 주로 다루며 대상 품목의 범위가 점차 확대될 예정이다. 동 규정에서는 디자인 단계에서 제품의 사용수명을 고의로 제한하는 의도적 노후화(Premature Obsolescence)를 금지하고, 수리가 용이한 디자인 및 소비자의 수리 매뉴얼 접근권을 강화할 것을 요구하고 있다. 또한 소비자의 제품구매 시 수리 및 재활용에 대한 정보 접근을 용이하게 하기 위해 도입한 디지털 제품 패스포트(DPP, Digital Product Passport)를 포함하고 있다.

위에서 열거한 순환경제 정책들은 유럽의 지속가능한 경제모델 구축을 위한 노력의 일환으로, 자원을 효과적으로 관리하고 재활용하며, 새로운 경제모델을 창출하는 데 중요한 역할을 하고 있다. 이를 통해 유럽 기업들은 선형경제모델에서 순환경제모델로 발빠르게 전환하고 있다.

EU는 자원과 에너지의 효율적인 이용을 지원하기 위한 다양한 재정 및 지원 정책도 시행하고 있다. 예를 들어, 2021년 '맞춤형 재건기금(Customised Recovery Fund)'을 발표하여 회복가능한 자원 및 에너지를 활용하는 기술 및 시스템 개발을 지원하고 있다. EU의 '호라이즌 유럽(Horizon Europe)' 프로그램에서는 연구 및 개발을 지원하며, 순환경제 이해관계자 플랫폼(Circular Economy Stakeholder Platform)을 운영하여 기업, 시민단체, 정부기관 등 순환경제에 대한 이해와 협력을 촉진하고 있다. 이러한 노력과 정책들은 유럽의 자원과 환경에 대한 인식과 책임감을 높이고, 기업과 국가의 순환경제모델 전환을 촉진함으로써 보다 진보적이고 지속가능한 경제모델을 구축하는 데 큰 역할을 하고 있다.

요약하면, 선진 주요 국가들은 지속가능한 발전을 위한 순환경제 개념을 적극적으로 추진하고 있다. 이는 자원의 효율적인 활용과 폐기물 문제 해결, 그리고 경제적 이익 추구를 위해 필요한 노력이며, 지속가능한 경제발전을 위한 중요한 전략 중 하나로 평가할 수 있다.

1.1.4 순환경제 비즈니스 모델

순환경제 비즈니스 모델은 자원의 재사용 및 재활용에 초점을 맞춘 사업화 모델이다. 순환경제 비즈니스 모델은 기업이 생산하는 제품과 서비스의 수명 주기를 연장하고, 제품의 재사용과 재활용을 권장하여 자원 소비를 최소화하는 데 있다.

대표적인 순환경제모델로는 영국에 위치한 엘렌 맥아더 재단(Ellen MacArthur Foundation)의 '나비모형(Butterfly Diagram)'이 있다. 나비모형은 제품의 제조-유통-사용-재활용 등의 생산과정에서 자원의 흐름을 시각화한 다이어그램이다. 이 다이어그램은 두 개의 날개(wing)를 가지고 있으며, 각각 '생물기반 순환'과 '광물기반 순환'이라고 부른다. 이 두 날개는 각각 자연계와 인간이 만든 기술 시스템을 의미한다. 나비모형은 크게 4개의 파트인 '에너지 순환', '생물기반 순환', '광물기반 순환'과 '순환소비'로 이루어져 있다. 첫째, '에너지 순환'은 재생에너지의 사용 확대, 자원채취 및 원자재 제조 과정에서의 낭비없는 에너지 효율화 등을 주로 다룬다. 석탄과 가스 등

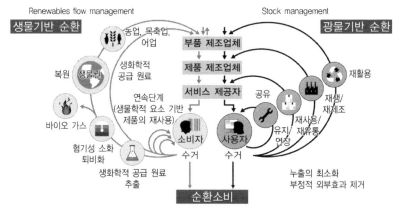

출처: 엘렌 맥아더 재단, 2013.

그림 1.6 나비모형(Butterfly Diagram)의 순환경제

화석연료를 사용하는 것이 온실가스를 배출하는 주요 원인이기 때문에 이 부분을 어떻게 재생에너지로 전환할지, 기존의 에너지를 낭비 없이 사용할 수 있을지 등을 고민한다. 둘째, '생물기반 순환'은 농업, 목축업, 어업에서의 순환경제, 바이오 가스·에너지화 문제, 토양에서의 탄소축적량 증진, 음식·동식물 폐기물의 순환에 대한 이슈가 있다. 셋째, '광물기반 순환'은 지구상의 천연자원으로부터 추출하여 제조한 제품, 부품과 서비스의 순환과정을 나타낸다. 마지막으로, '순환소비'는 소비단계에서 순환과 공유를 확산하는 것이다.

자연계에서 발생하는 에너지 순환과정을 의미하는 나비모형의 왼편인 '생물기반 순환'은 지속적이고 원활한 생태계 유지를 위한 방법론을 표현하고 있다. 태양에너지를 포함한 자연 에너지원들은 생명

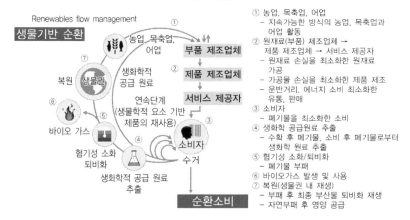

에너지 순환

재생에너지 ⚡ 🏭 자원채취 및 원자재 제조

생물기반 순환

Renewables flow management

① 농업, 목축업, 어업
    농업, 목축업, 어업
② 생화학적 공급 원료
    부품 제조업체
    제품 제조업체
    서비스 제공자
    연속단계
    (생물학적 요소 기반 제품의 재사용)
③ 소비자
    수거
⑦ 복원 생물권
⑥ 바이오 가스
⑤ 혐기성 소화 퇴비화
④ 생화학적 공급 원료 추출
    생화학적 공급 원료 추출

순환소비

① 농업, 목축업, 어업
 – 지속가능한 방식의 농업, 목축업과 어업 활동
② 원재료(부품) 제조업체 → 제품 제조업체 → 서비스 제공자
 – 원재료 손실을 최소화한 원재료 가공
 – 가공물 손실을 최소화한 제품 제조
 – 운반거리, 에너지 소비 최소화한 유통, 판매
③ 소비자
 – 폐기물을 최소화한 소비
④ 생화학 공급원료 추출
 – 수확 후 폐기물, 소비 후 폐기물로부터 생화학 원료 추출
⑤ 혐기성 소화/퇴비화
 – 폐기물 부패
⑥ 바이오가스 발생 및 사용
⑦ 복원(생물권 내 재생)
 – 부패 후 최종 부산물 퇴비화 재생
 – 자연부패 후 영양 공급

그림 1.7 나비모형의 왼편(생물기반 순환, 순환소비, 에너지 순환)

체를 통해 에너지가 전달되고, 생명체는 대사작용을 통해 에너지를 소비하고 배출물을 생성한다. 이 배출물은 다시 생명체나 분해자에게 돌아가면서 자연계의 재생과정을 이어간다.

오른편에 위치한 '광물기반 순환' 날개는 인간이 개발한 기술 시스템에서 발생한 자원순환 과정을 나타낸다. 나비모형의 중앙에는 제품이 위치하고, 제품을 둘러싼 4개의 원은 각각 공유, 재사용/재유통, 재생/재제조, 재활용 단계를 표현한다.

공유(share)는 자원을 대여하거나 공유함으로써 수익을 창출할 수 있다. 대여는 일시적인 수요충족에 기반한 사업이다. 자동차, 숙박시설 대여와 같은 서비스가 대여형 공유 모델에 해당한다. 예를 들면 글로벌 사례로는 우버, ZipCar, 에어비앤비 등이 있고, 우리나라에는 SOCAR, KOZAZA, FASTFIVE, 모두의주차장, 열린옷장 등이 있

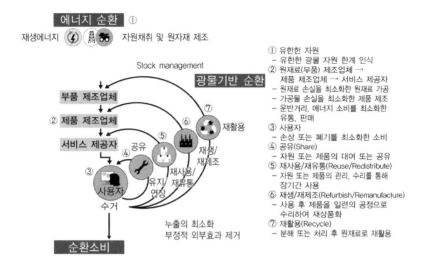

에너지 순환 ①

재생에너지 ⚡ 🛢 ⚙ 자원채취 및 원자재 제조

Stock management

부품 제조업체

② 제품 제조업체

서비스 제공자

③ 사용자
수거

⑤ 공유
④ 유지/연장

⑥ 재생/재제조
재사용/재유통

⑦ 재활용

광물기반 순환

누출의 최소화
부정적 외부효과 제거

순환소비

① 유한한 자원
  - 유한한 광물 자원 한계 인식
② 원재료(부품) 제조업체 →
  제품 제조업체 → 서비스 제공자
  - 원재료 손실을 최소화한 원재료 가공
  - 가공물 손실을 최소화한 제품 제조
  - 운반거리, 에너지 소비를 최소화한
  유통, 판매
③ 사용자
  - 손상 또는 폐기를 최소화한 소비
④ 공유(Share)
  - 자원 또는 제품의 대여 또는 공유
⑤ 재사용/재유통(Reuse/Redistribute)
  - 자원 또는 제품의 관리, 수리를 통해
  장기간 사용
⑥ 재생/재제조(Refurbish/Remanufacture)
  - 사용 후 제품을 일련의 공정으로
  수리하여 재상품화
⑦ 재활용(Recycle)
  - 분해 또는 처리 후 원재료로 재활용

그림 1.8 나비모형의 오른편(광물기반 순환, 순환소비, 에너지 순환)

다. 공유 모델은 일시적 수요를 위하여 불필요하게 새로운 제품을 제작하는 시간과 자원소비를 방지함으로써 자원의 소비와 폐기물 발생을 감소시키는 효과가 있다.

재사용/재유통(reuse/redistribute)은 사용하지 않는 제품 또는 부품을 제조상태 그대로 다시 사용하는 것을 말한다. 재활용과도 유사하나 특별한 가공 또는 수리 과정을 거치지 않는다는 점에서 차이가 있다. 제품의 관리, 수리를 통해서 장기간 사용할 수 있다. 중고 자전거를 파는 것과 같이 재화의 재유통이 일어나는 것으로 추가적인 에너지와 노동력이 많이 소요되지 않는다.

재생/재제조(refurbish/remanufacture)는 폐기단계에 있지만 제품에 사용된 소재는 아직 경제적 가치가 남아 있는 경우 제품이나 부품을 회수하여 분해, 세척, 검사, 보수, 조정, 재조립 등 전문적 작업공정을 거쳐서 제품의 원래 기능 및 성능으로 회복시켜 재상품화하는 것이다. 비교적 적은 비용, 자원 및 에너지의 투입으로 제품 그 자체로서 녹이거나 파괴하지 않고 순환시킬 수 있다는 점에서 물질 재활용과 차이가 있다. 예를 들어, 르노자동차는 기존에 완성품의 일부분으로 사용되었던 콤프레서나 기어박스를 정밀한 공정을 거쳐 동일한 보증 기간을 가지고 신제품과 함께 판매한다. 완전한 변형이 아닌 만큼 재활용에 비해서는 에너지가 덜 소요되지만, 관련 공정에서 상당한 에너지가 필요하다.

재활용(recycle)은 제품을 다시 원재료 중심의 자원으로 만들어 새로운 제품의 원료로 재사용하는 것이다. 다시 말해, 사용 후 소재에 대한 완전한 재가공을 의미한다. 예를 들면 폐플라스틱이 있는데 이것을 섬유로 제작하려면 우선 깨끗이 세척하고 분해하여 펠릿(pellet) 형태로 만들고 이를 다시 원사로 가공하는 과정을 거치게 되는데 많은 에너지와 노동력이 투입된다. 이러한 방식을 업사이클링이라고도 한다.

1.2 주요 국가의 순환경제 정책과 폐기물 현황

1.2.1 기후변화 대응 탄소중립을 위한 순환경제

현대 문명의 주요 에너지원인 탄소기반 화석에너지의 사용과 인구 증가에 따른 산림개발 확대로 인하여 지구온난화가 가속화되고 있다. 지구온난화에 따라 갈수록 심해지는 기후변화는 우리의 일상 생활에 심각한 변화를 일으키고 있고, 인류가 배출하는 폐기물과 더불어 지구 환경에 큰 악영향을 끼치고 있다.

　최근 기후변화와 생태계 파괴 이슈는 인류의 지속가능한 발전을 위한 탄소중립 정책에 있어 중요한 방향타 역할을 하고 있다. 각국 정부에서는 탄소중립 정책을 통하여 신재생에너지와 같은 대체 기술을 개발하고, 에너지와 자원을 보다 효율적으로 사용하는 방안을 모색하고 있다. 탄소중립 방안으로 순환경제는 재사용과 재활용 등을 통해 제품 수명을 연장하고, 자원의 효율적인 사용을 촉진하여 탄소배출을 줄이는 데 기여할 수 있다. 예를 들어, 제조업체가 재사용이 가능한 자원을 사용하면 새로운 원료를 채굴하거나 생산하고 처리하는 데 필요한 에너지를 줄일 수 있고, 자원 폐기물 발생량도 감소시킬 수 있다.

　순환경제는 탄소중립을 위한 대체 기술과 함께 사용될 때 더욱 효과적이다. 재생에너지와 같은 화석에너지를 대체할 수 있는 친환경 기술을 개발하면서, 순환경제와 연계하여 에너지와 자원의 효율성을 제고할 수 있다. 예를 들어, 태양광 패널을 생산할 때 재활용 가능한 자원을 사용하면 제조과정에서 발생하는 탄소배출량을 줄이고, 동시에 자원 효율을 높일 수 있다.

　2000년대 이후 유럽을 중심으로 탄소중립을 위한 적극적인 정책 개발과 노력이 진행되고 있다. 유럽은 2050년까지 그린딜 계획을 통하여 온실가스 순배출 제로(Net Zero)를 달성하고 경제성장이 자원 사용과 디커플링(decoupling)되는 경제로의 변화를 추진하고 있다. 미국은 바이든 대통령이 2021년 4월 탄소중립을 목표로 제안한 기후변화 대응 계획인 '청정에너지혁신(Clean Energy Revolution)'을 추진하고 있다. 중국도 2060년까지 탄소중립을 달성하는 것을 목표로 하고 있다.

우리나라는 2020년 9월에 2050년 탄소중립을 선언하였고, 이를 위한 '탄소중립 2050 기본방침과 로드맵'을 발표하였다. 이 로드맵에서 순환경제가 다양한 영역에서 탄소중립 달성에 기여할 수 있는 정책 방향을 제시하고 있다. 폐기물 관리 분야에서는 분리수거 및 재활용 촉진, 폐기물 처리 방식의 다변화를 추진하고, 생산단계에서 폐기물 발생량을 최소화하기 위한 생산설계 개선 등의 방안을 통해 폐기물 발생량을 줄이고 자원을 효율적으로 활용함으로써 결과적으로 탄소배출량을 감소시키는 것을 목표로 하고 있다.

1.2.2 주요 국가의 순환경제 정책

2050년 탄소중립이 국제 사회의 주된 과제로 떠오르면서 유럽을 포함한 주요 국가들은 자원순환을 통한 지속가능한 경제모델인 순환경제로의 전환에 속도를 내고 있다. 유럽은 전자제품부터 음식에 이르기까지 실생활 전 부문에 걸친 순환경제 이행방안을 마련했고, 일본은 기업의 자발적 활동을 중심으로 순환경제 전환을 이끌어내는 순환경제 비전을 제시하였다. 다음은 해외 주요 국가의 탄소중립과 순환경제 정책에 대한 현황이다.

EU는 1992년 리우선언 이후 환경문제에 많은 관심을 나타내기 시작했다. 2001년 환경에만 그치지 않고 사회적 평등과 결속, 그리고 경제적 번영을 함께 달성하기 위해 '지속가능한 발전전략(Sustainable Development Strategy)'을 수립하여 시행해 오고 있다. 이후 약 10년이 지난 2010년 3월 EU는 환경보다는 경제성장에 조금 더 중점을 둔 '유럽 2020 전략(Europe 2020)'이라는 신경제 전략을 발표했다. 2015년에는 2030년을 향한 지속가능 성장전략의 핵으로 '순환경제 패키지(Circular Economy Package)'에서 순환경제 실행계획을 발표하고 주요 가이드라인을 제시하였다. 이 패키지에서는 순환경제의 우선 관심 분야로 플라스틱, 식품 폐기물, 희소자원, 건설·철거, 바이오매스 등을 제시하고, 4개 분야의 폐기물 지침(배터리 및 전기전자폐기물, 폐기물 매립, 폐기물, 포장 폐기물)을 제정하였다. 2019년 12월 새로운 EU 집행위원회의 출범으로 '유럽 그린딜'과 기존의 '순환경제 패키지' 연장선에서 2020년 3월에 '순환경제 행동계획(CEAP, Circular Economy Action Plan)'을 발표하였다. '순환경제 행동계획'은 지속가능한 제품 설계, 소비자권리 강화, 생산공정의 순환성 등 3개 정책 과제로 구성하였다. 각각 에코디자인을 통한 제품의 순환성 강화, 소비자의 정보접근성·수리권 강화, 산업계와 연계 등을 통한 시너지 등을 내용으로 담았다. 2021년의 '신순환경제 신행동계획(New Circular Economy Action Plan)'에서는 주변 국가의 동참을 요구하고 있다. 부문별로 전자제품 및 정보통신기술, 배터리·자동차, 포장재, 플라스틱, 섬유, 건물, 음식·물·영양소 등 순환경제의 조성 가능성이 큰 주요 분야에 따라 실행 전략을 제시하였다.

유럽 국가 가운데서는 핀란드와 독일 등이 순환경제 로드맵을 수립하여 실행하고 있다. 핀란드는 2016년 '순환경제 로드맵 2016~2025'를 수립하고 공표하였다. 경제, 환경과 사회 등 3개 분야에서 순환경제 구현 방향을 제시하고 있으며, 지속가능한 식품 시스템, 산림기반 순환, 순환 기술, 운송 및 물류, 공동체 지침 등에 중점을 두었다. 독일은 2021년에 순환경제로드맵을 발표하고 제품, 비즈니스 모델, 사회기술, 사회 등 4가지 방향에서 접근했다. 각 부문마다 순환성을 고려한 제품설계와 이해관계자들이 순환경제 가치 창출에 참여할 수 있도록 지원하고 경제적 인센티브 및 공공조달 지원, 사회 교육 및 투명성 제고 등 이행 노력을 담아냈다.

미국은 2021년 4월에 발표한 탄소중립 목표를 통해 2050년까지 탄소중립을 달성하는 것을 목표로 하고 있다. 세부적으로는 폐기물 처리, 재활용, 자원순환 등의 제로쓰레기(Zero Waste)와 지속가능한 자원관리 정책을 추진하고 있다. 태양광, 풍력 등의 재생에너지와 전기차 등의 저탄소 기술을 지원하고 있다.

일본은 2002년 「순환형 사회형성 추진 기본법」을 제정하여 우리나라보다 먼저 폐기물 재활용에서 순환경제 정책으로 전환하였다. 2018년에는 '제4차 순환형 사회형성 기본계획(2018~2022)'을 통하여 순환경제를 적극적으로 추진하고자 하는 의지를 보였다. 또한, 2020년 중장기적 관점에서 자원소비를 줄이고 부가가치 극대화, 지속가능한 성장형 모델로 전환하기 위한 '순환경제 비전 2020'을 발표했다. 이는 기업의 자발적인 활동과 재활용 시장 장려 등을 통한 순환 비즈니스 모델로의 전환, 공공조달 제품시장 구축, 자원사용 최소화와 재활용 기술 고도화 등의 자원순환 시스템 구축 활동을 포함한다.

중국은 2008년에 「순환경제 촉진법」을 제정하고, 2013년에 '순환경제 발전전략 및 단기 행동 계획'을 발표하였다. 2017년 4월에는 '순환 발전 이니셔티브'를 제시하여 달성 목표를 지표화하였으며, 동년 7월에는 외국으로부터의 폐기물 수입을 금지하고 고체 폐기물 수입 관리 제도 개혁을 추진하는 정책을 공표하였고, 2021년 1월부터 고체 폐기물 수입을 전면 금지하였다. 2021년 7월에는 순환경제 발전, 국가 자원 안보 보장, 자원 절약과 집약적 사용, 탄소중립 달성을 목적으로 자원순환형 산업 체계 및 폐기물 순환 이용 체계를 구축하기 위한 '14차 5개년 순환경제 개발 계획'을 발표하였다.

1.2.3 우리나라 순환경제 정책

우리나라 순환경제 정책의 시초는 2005년에 발표된 '자원순환혁신전략'이다. 이후 2016년 5월 '자원순환기본계획(2018~2027)'을 통하여 순환경제 법률, 재활용 종합선진화 계획 등을 추진하고 있다. 이 기본계획에서 생산, 소비, 관리, 재생 등 전 공정에서 자원의 효율적인 이용, 폐기물의 발생 억제 및 순환 이용을 촉진하기 위한 10년 단위 국가전략을 수립하고, 2027년까지 폐기물 발생량의 20% 감축, 순환 이용률은 70%에서 82%까지 향상하는 것을 목표로 추진하고 있다.

2050 탄소중립을 위한 순환경제에 대한 구체적인 목표로서 2021년 12월 '탄소중립을 위한 한국형(K)-순환경제 이행계획'을 순환 단계별, 정책 주체별, 품목별로 대책을 발표하였다. K-순환경제의 2050년 비전은 폐기물 제로화, 2050 탄소중립, 순환경제 사회 구축이다. 2024년 1월에 「자원순환기본법」을 전부 개정한 「순환경제사회 전환 촉진법(약칭: 순환경제사회법)」이 공포되었다. 이번 K-순환경제 이행계획에서는 생산·유통단계 자원순환성 강화, 친환경 소비 촉진, 폐자원 재활용 확대, 안정적 처리체계 확립, 순환경제 사회로 전환이

라는 5가지 목표를 바탕으로 순환경제 정책에 대한 구체적인 실행방안을 담고 있다. K-순환경제 이행계획을 통해 폐기물 소각·매립을 최소화하고 폐자원을 완전하게 순환 이용하도록 하여 산업부문의 온실가스 배출량을 크게 저감시키고, 새로운 성장동력의 창출을 목표로 하고 있다. 순환경제 구현을 위해서는 다양한 품목의 폐기물들이 재활용되어야 하며, 이러한 재활용 지표인 순환이용률(실질 재활용률)의 상승을 목표로 하고 있다. 특히 플라스틱은 2050년 기준 95%로 자동차와 더불어 품목들 중 가장 높은 순환이용률을 목표로 하고 있다. 2021년에 56%인 순환이용률을 2050년 95%까지 끌어올리기 위해서는 플라스틱 재활용이 강도 높게 요구된다는 것을 확인할 수 있다.

2021년 개정된 「전기·전자제품 및 자동차의 자원순환에 관한 법률(약칭: 전자제품등자원순환법)」은 폐기물로 발생한 전기·전자제품 및

표 1.1 품목별 순환이용률(실질 재활용률) 목표

구분	현재('21년)	'30년	'50년
포장재(EPR 대상)	81%	85%	90%
플라스틱	56%	60%	95%
섬유	30%	50%	70%
전기·전자제품	33%	50%	70%
자동차(대당)	89%	93%	95%
음식물(바이오가스화)	13%	52%	70%
건설자재(천연자원 대체율)	73%(6.2%)	80%(20%)	90%(30%)

※ 자동차 부품인 전기차 배터리 순환이용률은 순환체계 구축 이후 추가 검토
출처: 산업통상자원부, 2023.

자동차 부품에 대한 적극적인 자원순환을 목적으로 하고 있다. 이 법률에서는 태양광 패널과 배터리 등의 제품이 재활용과 자원순환에 적극적으로 기여하도록 유도하고, 자원의 유지와 보존을 위한 노력의 일환으로 폐기물 발생량 감소를 목표로 한다. 태양광 폐패널을 포함하여 2023년 1월부터 생산자책임재활용(EPR, Extended Producer Responsibility) 제도를 시행하였으며, 해당 기업은 회수한 폐패널을 80% 이상 재활용해야 한다. EPR은 제품 사용 후 발생된 폐기물이 재활용되지 못하고 폐기되는 것을 방지하기 위해 정부가 생산자에게 재활용 의무를 부과해 재활용을 촉진하는 제도로서, 이를 통하여 환경보호와 지속가능한 개발을 촉진하기 위한 정책이다. 2023년 현재 EPR 대상으로는 종이팩, 금속캔, 유리병, 합성수지포장재, 윤활유, 전지류, 타이어, 형광등, 태양광 패널 등이 있다.

국회미래연구원(2023)의 분석에 의하면 우리나라의 순환경제로의 이행을 통한 경제효과는 2050년까지 생산유발효과 측면에서는 약 482조 원, 부가가치유발 효과 측면에서는 약 292조 원, 그리고 취업유발 효과 측면에서는 약 411만 개 일자리 창출효과를 형성할 것으로 예측하였다. 이와 같이 순환경제는 자원고갈, 환경오염 등에 대한 대응을 넘어 탄소중립 실현을 위한 성장모델로서 국가경제의 성장 잠재력과 일자리 확대에도 크게 기여할 수 있음을 알 수 있다. 2023년 6월 21일 정부는 기업의 탄소중립 이행, 새로운 경쟁력 확보 및 핵심자원의 국내 공급망 확보를 위하여 '순환경제를 통한 산업 신성장 전략'을 발표하였다. 순환경제를 통하여 지속가능한 성장 기반을 확립하고 미래 성장동력으로 육성하기 위하여 자원의 순환이용 확대,

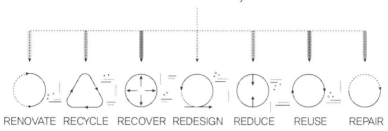

CE 9

Circular Economy 9

RENOVATE　RECYCLE　RECOVER　REDESIGN　REDUCE　REUSE　REPAIR

9대 순환경제(CE 9) 프로젝트
주요 내용

선형경제(기존)	순환경제
제품사용 후 폐기	자원을 지속적으로 순환시키는 경제체제

적은 자원 사용 | 긴 자원 사용시간 | 자원 재생가능

순환경제(CE 9) 프로젝트

석유화학	1	열분해유 생산 확대
	2	고급원료화 전환
철강 · 비철금속	3	철스크랩 활용 극대화
	4	희소금속 재자원화
배터리	5	재사용 · 재활용 기반 구축
	6	재생원료 생산 · 사용 촉진
전자 · 섬유	7	에코디자인 도입 · 시행
자동차 · 기계	8	재제조 제품 수출 활성화
시멘트	9	대체 연 · 원료 확보

출처: 산업통상자원부/연합뉴스, 2023.

그림 1.9 9대 순환경제(CE 9) 프로젝트 주요 내용

산업별 순환경쟁력 확보, 순환경제 기반구축 등 3대 분야 핵심 추진 과제를 설정했다. 석유화학·철강·자동차·기계 등 9대 핵심산업의 순환경제 경쟁력 강화를 위한 선도 프로젝트인 'CE(Circular Economy) 9 프로젝트'를 추진하며, 세부적으로는 열분해유 생산 확대, 고급 원료화 전환, 철스크랩 활용 극대화, 희소금속 재자원화, 재사용·재활용 기반 구축, 재생원료 생산·사용 촉진, 에코디자인 도입·시행, 재제조 제품 수출 활성화, 대체 연·원료 확보 등을 목표로 하고 있다. 이 프로젝트의 추진 기반을 마련하기 위해 국가통합자원관리시스템의 고도화, 자원효율 등급제와 재생원료 인증제 마련, 순환경제 스타기업 발굴 등도 함께 추진하기로 하였다.

1.2.4 국내외 폐기물 현황과 재활용 시장 전망

▶ 전 세계 폐기물 현황과 재활용 시장 전망

2018년 전 세계 산업활동의 결과로 고체 폐기물이 약 20억 톤 배출되었다. 인류가 1인당 매일 0.7kg의 쓰레기를 버리는 셈이다. 이 가운데 절반 이상은 매립지에 버려지거나 소각되고, 재활용되는 쓰레기는 16%에 불과한 수준이다. 따라서 플라스틱, 유리, 종이 및 전자 제품 등의 폐기물 재활용은 경제적인 측면에서뿐만 아니라 환경적 측면에서도 매우 중요하다. 폐기물 재활용을 통해서 2020~2050년 사이에 약 110억 톤의 이산화탄소(CO_2eq) 배출량에 해당하는 탄소 배출량을 줄일 수 있는 잠재력이 있는 것으로 추정된다.

인간이 만든 폐기물 중에서 가장 환경적으로 문제가 되는 것 중 하나는 플라스틱을 포함한 석유화학 제품이다. 전 세계 플라스틱 생산량은 1950년에 연간 200만 톤 수준에서 2019년에는 200배가 넘는 4억 6천만 톤까지 증가하였다. 플라스틱 유래의 온실가스는 합성수지 생산 단계에서 61%, 가공 단계에서 30%, 소각 등 영구 폐기 과정에서 9%가 배출된다. 플라스틱 전 주기에서 2015년에 약 18억 톤의 온실가스가 발생하였고 전 세계 플라스틱 생산을 위해 전 세계 석유 생산량의 6%를 사용하고 있는 점을 고려하면 플라스틱 사용 감소 및 폐플라스틱의 재활용은 친환경성 확보를 위한 극복과제이다.

전 세계에서 생산된 플라스틱 중에서 약 2/3인 3억 5,300만 톤이 5년 이내의 수명이 짧은 폐기물로 처리되고 있다. 그나마 재활용을 위해 수집된 5,460만 톤(생산량의 15%)에서 40%는 폐기되고 재활용되는 비율은 단지 9% 정도에 불과한 실정이다. 경제성장과 인구증가로 인하여 플라스틱 생산은 지속적으로 증가될 전망이며, 2060년에는 현재보다 3배 정도 증가한 약 12.3억 톤에 이를 것으로 전망되고 있다(OECD).

한편 매년 자연에 버려지는 2,200만 개 이상의 플라스틱은 자연 생태계에도 심각한 악영향을 미치고 있다. 예를 들어, 해양 오염의 80%는 폐플라스틱에 기인한다. 플라스틱 쓰레기를 먹거나 쓰레기에 얽혀 죽는 해양 포유류가 연간 10만 마리 이상에 달하고, 바다의 푸른고래는 하루 1,000만 개의 미세플라스틱을 섭취하는 상태라고 한다(네이처, 2022). 따라서 플라스틱 사용을 줄이고 재활용을 증가하는 행동은 자원절약, 온실가스 배출 감소 및 자연 생태계 보존에 모두 기여할 수 있다.

현대인들은 많은 전자제품을 사용하고 있다. 유엔환경계획(UNEP)에 의하면 2019년 스마트폰, 컴퓨터, TV 및 가전제품 등으로부터 5,360만 톤의 전자폐기물이 발생하였고, 2050년에는 1억 1,000만 톤에 이를 것으로 전망하였다. 이렇게 발생하는 막대한 전자폐기물량에 비하여 단지 약 20%만이 수거되어 재활용되고 있다. 기하급수적으로 불어나는 쓰레기량으로 인한 환경 파괴 우려가 커지는 가운데, 전자폐기물 재활용에 주목해야 하는 또 다른 이유가 있다. 바로 전자폐기물에 숨겨진 거대한 자원 및 금전적 가치이다. 전 세계에서 발생하는 전자폐기물의 가치는 연간 최소 625억 달러에 달할 것으로 추정된다. 미국에서만 연간 약 100억 달러에 상응하는 가치를 지닌 전자폐기물이 발생하고 있는데, 이는 매년 전자폐기물로 100톤(60억 달러) 이상의 금을 재활용하지 않고 고스란히 버리고 있는 것이다. 영국 BBC에 의하면 전 세계 약 160억 대의 휴대폰 중에서, 2022년 한 해에 1/3인 53억 대가 버려질 것이라고 예측하였다. 1톤의 스마트폰에서 귀금속을 추출한다면 구리 70kg(= 154lbs), 리튬 15kg(= 33lbs), 은 1kg(= 2.2lbs), 금 235g(= 8.2oz)을 회수할 수 있다. 사소해 보일 수 있는 전자폐기물을 재활용한다면 엄청난 양의 희소 및 귀금속을 확보할 수 있다. 재활용을 통해 얻어진 금속들을 풍력 터빈, 전기자동차 배터리, 태양전지 패널 등 새로운 전자장치에 활용하면 탄소배출량을 감소시키는 긍정적 효과를 얻을 수 있다.

인류가 의식주 생활을 지속하는 한 폐기물은 지속적으로 발생할 수밖에 없다. 이에 따라 폐기물로 인한 환경오염을 방지하기 위한 폐기물처리 산업도 동반성장하고 있다. 폐기물 산업의 가치사슬은 폐기물 배출, 수집과 운반, 처리(재활용 또는 소각·매립)의 단계로 이루어진다. 폐기물 산업은 일반적으로 경기 민감도가 낮고, 사업 영위를 위해서는 정부의 인허가와 대규모 설비투자, 부지 확보 등이 필요하다. 또한, 공공복지를 위한 사회간접자본의 성격을 가지고 있어서, 국가 및 지역 환경 개선과 연관된 공공재적 성격이 강한 사업으로 정부의 대표적인 규제산업에 속한다.

• 도시 폐기물 수집   • 시/도의 폐기물 처리   • 재활용(2차 원료생산을   • 폐기물의 에너지화   • 매립지 관리
• 개인/산업 폐기물 수집   • 재활용센터   통한 천연자원 회수)   (EfW/WtE)*   (광산폐기물 포함)
• 청소 서비스   • 폐기물 유래 연료(RDF)*,   • 화학폐기물 및 유해   • 건설폐기물 처리
• 제설 등 거리작업   고체회수연료(SRF)* 생산   화학 폐기물 처리   • 유해폐기물 처리
• 기타 환경 서비스   • 바이오가스 생산

*RDF : Refuse Derived Fuel   SRF : Solid Recovered Fuel
 EfW : Energy from Waste   WtE : Waste to Energy

출처: SAP, 2023.

그림 1.10 폐기물 산업의 가치사슬

전 세계 재활용 산업의 시장규모가 2019년 3천 300억 달러(약 411조 원)에서 2027년에는 5천 137억 달러까지 성장할 전망이다(삼일 PwC, 2022). 현재 배출 탄소의 55%가 에너지와 관련된 분야이기 때문에, 탄소감축은 에너지효율 증대와 친환경에너지로의 전환을 요구하고 있다. 그렇다면, 나머지 45%의 탄소배출은 제품 생산과 폐기과정과 밀접하게 연관되어 있다는 점을 간과하여서는 안 된다. 따라서 현재 재활용이 되지 않은 선형경제형 에너지 사용의 반대급부로 순환경제를 통해 기업의 부가가치를 높이는 산업이 발전할 수밖에 없다.

품목별로 보면, 향후 5년간 순환경제 시장 규모는 건설폐기물이 가장 크고, 성장성은 폐배터리가 가장 높을 것으로 예상하고 있다. 시장규모와 성장성을 모두 고려하면 폐플라스틱과 폐배터리가 미래 시장을 견인할 것이라고 전망하고 있다. 환경오염에 대한 우려로 플라스틱 사용에 대한 정부 각국의 규제가 강화됨에 따라 플라스틱 재활용 시장이 확대될 전망이다. 글로벌 폐플라스틱 재활용 시장은 현재 65조 원에서 향후 연평균 7.4% 성장해 2027년 80조 원, 2050년에는 600조 원에 달할 것으로 예상하고 있다. 폐배터리 시장은 글로벌 배터리 생산량이 향후 10년간 연평균 18.5% 증가할 것으로 예상됨에 따라, 비슷한 증가 추세로 동반 성장할 가능성이 크다. 폐배터리 시장은 2025년 이후 전기차용 폐배터리가 기하급수적으로 증가함에 따

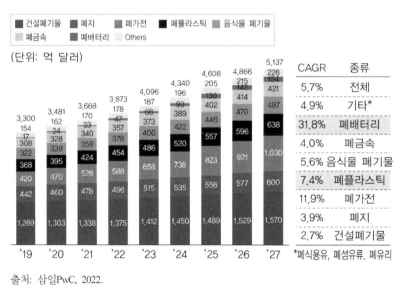

출처: 삼일PwC, 2022.

그림 1.11 전 세계 재활용 시장 전망(컬러 도판 p. 223 참조)

라 수거가 용이해지고, 재활용기술 발달에 따라 경제적 효용이 높아질 것이다. 이에 따라 세계 주요 국가들은 전기차 배터리 재활용 산업 육성에 적극적이다. 공급망 관리 차원에서 배터리 재활용 기업 육성을 위해 보조금을 지원하거나 국제 표준을 선점하기 위해 각종 제도를 정비하고 있다. 글로벌 배터리 재활용 시장은 향후 연평균 31.8% 성장해 2027년에는 약 154억 달러, 2050년에는 5,000억 달러(한화 600조 원)에 달하는 거대한 시장을 형성할 것으로 전망하고 있다.

▶ 국내 폐기물 발생과 재활용 현황

우리나라 '2050 탄소중립 시나리오'에 의하면 폐기물에 의한 온실가스 배출량을 기준연도인 2018년의 17.1백만 톤에서 4.4백만 톤 수준으로 감축하여야 한다. 이 목표를 달성하기 위해서는 국내의 폐기물 발생량을 최소화하고, 폐기물의 재활용이 필수적이다. 폐기물은 발생원의 장소를 기준으로 일상생활에서 발생되는 생활폐기물과 사업 활동에 수반하여 발생하는 사업장폐기물로 분류한다. 여기서 다시

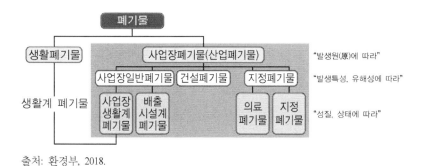

출처: 환경부, 2018.

그림 1.12 폐기물관리법상 폐기물 분류체계

사업장폐기물은 사업장일반폐기물, 건설폐기물, 그리고 유해성 폐기물인 지정폐기물로 세부 분류된다.

1995년을 기점으로 국내 전체 폐기물 발생량은 큰 폭으로 증가하기 시작하였다. 이는 1995년 1월부터 '쓰레기 수수료 종량제'가 실시되면서, 폐기물의 관리가 엄격해졌으며, 산업의 발달과 함께 사업장폐기물의 증가에 기인한다. 1995년의 쓰레기 종량제는 건설폐기물, 대형생활폐기물, 다량배출사업장 등 폐기물의 종류와 배출원 규모에 대해서 이미 실시하고 있던 종량제를 생활폐기물, 다량배출사업장 이외의 소규모 사업장에 대해서 확대 실시한 것이다. 일반 가정과 소규모 사업장에서 발생한 생활폐기물 배출자는 규격봉투를 구입하여 배출하여야 한다. 쓰레기 종량제는 생활쓰레기를 줄이고 재활용품 분리수거를 정착시킨 일등공신으로 평가할 수 있다. 한편 폐기물 발생량에서 큰 부분을 차지하는 폐기물은 건설폐기물로서 1990년대 중반부터 시작된 재개발사업 붐으로 건설폐기물이 다량 발생한 데서 원인을 들 수 있다. 지금까지 생활폐기물을 최소화하기 위한 각종 노력에 의하여 많이 줄어들었으나, 향후 폐기물 발생을 줄이기 위해서는 건설 및 사업자 폐기물 감축에 좌우될 것이다.

2020년 국내 폐기물 발생 현황은 다음과 같다. 국내 총폐기물 발생량은 1억 9,546만 톤으로 전년 대비 7.7% 증가하였고, 구성비는 건설폐기물 44.2%, 사업장배출시설계 폐기물 41.4%, 생활계폐기물 11.5%, 지정폐기물 2.9%순이다. 1일 전체 폐기물 발생량은 53만 4,055톤으로 전년 대비 7.4% 증가하였고, 이 수치는 지난 10년간의 평균 증가율인 5.2%에 비해 매우 높은 수준이다. 일일 생활폐기물 발생량은 6만 1,597톤으로 전년 대비 6.3% 증가해서 최근 10년 평균인 2.3%의 3배에 가까운 가파른 증가세를 보이고 있다. 산업발전에 따라 영향을 받는 사업장배출시설계 폐기물 발생량은 2019년부터 급증하기 시작해 2020년에는 전년 대비 9.0% 증가한 1일 22만 951톤에 이른다. 전체 폐기물 중 사업장배출시설계 폐기물이 차지하는 비중도 꾸준히 증가하여 2011년 36.0%에서 2020년 41.4%까지 높아졌다. GDP당 폐기물 발생량은 2018년을 기점으로 증가세로 전환되었으며 2020년에는 10억 원당 100.7톤으로 거의 10년 전 수준으로 회귀하였다. 폐기물 발생량은 증가하였으나 GDP 대비 폐기물 발생량이 보합세인 것은 코로나19의 확산으로 경기침체가 지속되었고 재택근무의 증가로 배달 및 택배 관련 포장재 배출이 늘어난 것으로 추정된다.

폐기물 재활용은 자원소비를 줄이고 지속가능한 경제를 위해 중요

출처: 환경부, 한국은행 등, 2021.

그림 1.13 유형별 폐기물 발생량 및 GDP당 폐기물 발생량(2011~2020)

하다. 2020년 기준 우리나라의 재활용 현황을 살펴보면 다음과 같다. 전체 폐기물 재활용률은 87.4%로 전년 대비 0.9% 증가하였다. 폐기물 종류별로 보면, 생활폐기물 재활용률은 2020년 59.5%로 전년 대비 소폭 감소한 반면, 사업장배출시설계 재활용률은 84.3%로 전년 대비 1.7% 증가했다. 지정폐기물 재활용률도 63.7%로, 최근 5년간 지속적인 증가 추세를 보이는 등 폐기물 재활용 측면에서는 긍정적인 신호가 나타나고 있다.

요약하면, 국내에서는 폐기물 문제를 해결하기 위한 다양한 노력이 이루어지고 있지만, 폐기물의 열적 재활용을 재활용 범주로 분류하고 있어 우리나라의 재활용 비율이 상대적으로 높은 값을 가지는 맹점도 고려하여야 한다. 또한 쓰레기 분리배출을 중심으로 개인별 폐기물 관리가 중요하며, 정부 및 기업 또한 지속적이고 체계적인 폐

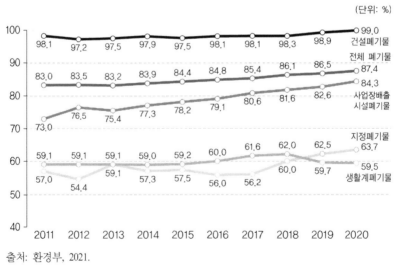

(단위: %)

출처: 환경부, 2021.

그림 1.14 폐기물 종류별 재활용률(2011~2020)

기물 수거 및 재활용 대책마련이 필요한 시점이다.

1.3 순환경제에서 더욱 중요해진 광물자원

1.3.1 자원개발의 과거와 현재

인류의 자원 확보 역사는 자원 쟁탈 전쟁이었다. 서구 모험가들의 골드러시와 남미의 은과 주석에 대한 유럽 제국주의의 약탈, 아프리카의 블러드 다이아몬드(Blood Diamond) 등은 자원에 대한 탐욕을 대변한다. 석유는 서방 선진국의 약탈에서 시작하여 중동국가들에게 부를 안겼지만, 아직도 많은 분쟁을 일으키고 있다. 최근 기후변화에 따른 에너지전환을 위한 전 인류의 숙제는 또 다른 자원 쟁탈전을 야기하고 있다해도 지나친 비약이 아닐 것이다.

자원은 에너지 자원과 광물자원으로 구분할 수 있다. 인류 역사상 석탄은 산업 발전에 주요 동력원 역할을 수행하여 왔다. 산업혁명 이후 석탄, 석유, 천연가스는 공장 중심의 산업구조 변혁을 이루었으며, 특히 석유는 에너지 자원이면서 원료자원으로 석유정제 산업, 석유화학 산업과 자동차 산업을 중심으로 현재의 번영을 이루게 한 일등 공신이라 할 수 있다.

광물자원 중에서 철광석, 구리, 알루미늄과 코발트 등은 산업발전에 크게 기여하고 있다. 철광석은 건축물, 차량 등에 사용되는 철강의 원료이며, 구리는 전기와 전자기기, 알루미늄은 항공기, 자동차, 가전제품 등의 제조에 필수적으로 사용된다. 코발트는 리튬이온 배터리의 핵심 원료로 사용되고, 이는 전기차의 대중화를 포함한 미래 신산업의 태동을 가능하게 하였다.

그러나 화석에너지와 광물자원은 유한하고 고갈되는 천연자원이다. 고갈성 자원은 사용하는 기간에는 절약과 재활용을 필수적으로 요구한다. 절약을 통해 자원의 효율적 사용을 제고하고 재활용을 통해 이미 사용한 자원을 제품에 활용함으로써 새로운 자원사용을 감소시킬 수 있다. 국내외 많은 기업들이 폐플라스틱, 폐배터리와 폐태양광 패널 등을 중심으로 '트래시 인더스트리(Trash industry, 폐기물 재활용 산업)'에서 사업 기회를 찾고 있다. 폐플라스틱은 플라스틱 원료로 재사용됨으로써 플라스틱의 원천인 석유의 역할을 할 수 있기 때문에 '도시유전'이라고 불린다. 폐배터리와 폐태양광 패널 역시 니켈, 코발트, 망간 등의 광물을 추출할 수 있다는 점에서 '도시광산'으로 불린다. 기존 광업활동을 통해서 채굴한 광석 내의 희토류(REE, Rare Earth Elements) 금속 농도는 1~2%에 불과하다. 그러나 사용 후 폐기되는 전자폐기물을 재활용하면 20~28%의 품위로 중요 금속자원을 회수할 수 있다. 또한 기업들은 자원 재활용사업을 통해서 친환경사업, 원가절감, 원료수급 안정 등을 통하여 ESG(환경·사회·지배구조) 가치제고 및 수익성을 높이고 있다.

1.3.2 주요 광물자원의 현황과 활용

광물은 산업원료로서 매우 중요하다. 다양한 산업에서 광물은 원료로 사용되며, 인간의 삶에 필수적인 다양한 제품 제조에 사용되고 있다. 철은 산업 활용도가 높아 세계에서 가장 많이 생산되는 금속이다. 세계적으로 연간 10억 톤 이상이 생산되고 있으며, 주요 생산국은 중국, 호주, 브라질, 인도 등이 있다. 구리는 전기 및 전자 제품, 건축자재 등에 널리 사용되며, 전기의 전도성과 열전도성이 뛰어나기 때문에 전기의 이동 경로를 만드는 데 중요한 역할을 한다. 세계적으로 2022년에 약 2,700만 톤이 생산되었으며 주요 생산국은 칠레, 중국, 페루, 미국 등이 있다. 코발트는 이차전지 생산에 필요한 원료 중 하나이며, 항공기 및 가스터빈 엔진제조에도 사용되고 있으며 콩고민주공화국, 아프가니스탄 등에서 생산되고 있다. 니켈은 스테인리스강 등의 합금에 필요한 원료 중 하나이며, 전기차용 배터리 생산에도 필요한 원료로 인도네시아, 필리핀 등에서 생산되고 있다.

러시아-우크라이나 전쟁도 우크라이나의 풍부한 광물자원 매장량과 관련이 있다. 우크라이나에는 120종의 광물과 117개의 금속자원 등 풍부한 지하자원이 매장되어 있는데, 그 가치는 12조 4,000억 달러(약 1경 6144조 원)에 이른다. 이 가운데 티타늄은 전투기, 헬리콥터, 군함, 탱크, 미사일 등 고급 무기를 만드는 데 광범위하게 사용되는 경량이면서 강도가 높은 금속이다. 우크라이나는 세계 티타늄 매장량의 20%(약 1억 8,400만 톤)를 차지하며 약 40여 개의 매장지를 보유하고 있다.

희토류 광물(rare earth minerals)은 주로 광물 채굴에서 추출되는 17개의 원소로 이루어진 귀금속족 원소의 그룹이다. 일부 희토류 원소는 지구상에서 매우 드물게 존재하여 희귀금속이라고도 불린다. 희귀금속을 달리 희토류 원소라고 명칭하기도 하지만, 엄밀한 의미에서는 희토류 원소보다는 귀금속족 원소라는 용어가 더 정확할 것이다. 희토류는 소량 첨가만으로도 물질을 화학적 · 전기적 · 자성적 · 발광적 특성을 갖게 만드는 특징을 갖고 있어 전자제품, 재생에너지 및 군사 장비 제조산업에서 필수적으로 사용되는 물질이다. 예를 들어, 네오디뮴 및 디스프로슘은 영구 자석을 만드는 데 사용되며, 이는 전기차를 비롯해 풍력발전, 산업용 모터, 휴대폰과 에어컨 등 가전제품, 로봇 등에서 활용되고 있다. 란타넘과 세륨은 광학 산업에서 렌즈와 화면의 색상 조절 기능을 강화하는 데 사용된다. 프라세오디뮴과 에르븀은 광섬유 케이블의 재료이다. 희토류 광물은 소량 필요하고, 또한 낮은 농도로 자연계에 분산 매장되어 있어 전체 광업에서 차지하는 경제 규모는 크지 않지만, 후방 산업 및 가치사슬의 최종 단계에서는 상당한 규모의 경제적 부가가치를 창출한다.

1.3.3 에너지 신산업에 더욱 중요해진 광물

과거 산업혁명과 함께 철강의 수요가 급증했던 것처럼 탈탄소화, 에너지 전환을 위한 재생에너지, 전기차 등의 투자로 관련 광물자원의 수요가 급증하고 있다. 대표적으로 태양광 및 풍력 발전과 이차전지 생산 등에 필요한 리튬, 코발트, 니켈, 흑연 등의 전략광물, 핵심광물, 희유금속 등이 중요한 자원으로 부상하고 있다. 탄소중립 실현과 더불어 국내 신산업을 위해서도 많은 광물들이 필요하다. 예컨대, 전기차 한 대당 구리 38kg, 니켈 8~44kg, 리튬 10~50kg, 코발트 2~10kg이 사용되는 만큼 광물자원의 안정적 확보가 중요하다.

BloombergNEF는 2050 탄소중립 시나리오에 따라 태양광, 풍력,

표 1.2 국내 신산업에 사용되는 광물자원

신산업	사용 광물자원
전기차·자율주행차	이차전지(리튬, 코발트, 니켈, 망간), 모터(희토류), 경량소재(티타늄, 마그네슘)
3D 프린팅	의료소재(티타늄, 탄탈륨, 코발트) 등
항공우주·드론	경량소재(티타늄, 마그네슘), 특수합금(니켈, 크롬, 텅스텐, 니오븀, 몰리브덴) 등
첨단 로봇	경량소재(티타늄, 마그네슘), 모터(희토류) 등
사물인터넷	반도체, 디스플레이 사용 희유금속
반도체·디스플레이	희토류, 텅스텐, 갈륨, 인듐, 백금족 등
에너지신산업	ESS(리튬 등 이차전지 원료), 신재생(실리콘, 갈륨, 셀레늄) 등

출처: 한국광물자원공사

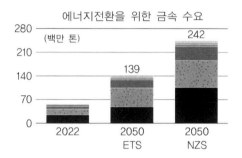

에너지전환을 위한 금속 수요

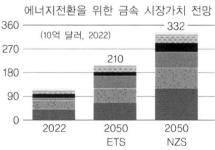

에너지전환을 위한 금속 시장가치 전망

ETS : Economic Transition Scenario   NZS : Net Zero Scenario

출처: BloombergNEF, 2023.

그림 1.15 에너지전환을 위한 주요 금속 수요 및 시장가치 전망(컬러 도판 p. 224 참조)

배터리 및 전기차와 같은 에너지전환 기술의 구현에 필요한 핵심 광물에 대한 수요는 2050년까지 5배 증가할 것으로 전망한다. 반면 광산개발의 투자 부족, 광산개발의 환경 위험 증가, 매장량 고갈로 인해 공급제한 가능성이 높아지고 있다. 에너지전환 관련 기술에 사용되는 전체 광물의 양은 2022년 기준 약 5,200만 톤에서 탄소중립 달성을 목표로 하는 2050년까지 2.6~4.6배까지 증가하여 1억 3,900~2억 4,200만 톤에 달할 것으로 전망하고 있다.

1.3.4 주요 국가의 광물 확보 전쟁

1944년, 제2차 세계대전의 격변기에 유럽 전역의 연합군 진격이 연료부족으로 갑자기 중단되었다. 당시 미국의 조지 패튼(George Patton) 장군은 '내 부하들은 벨트를 먹을 수 있지만 내 탱크에는 연료가 있어야 한다'라고 할 정도로 석유 연료의 중요성을 강조하였다. 그러나 오늘날에는 비단 탱크연료뿐만 아니라 더 다양한 광물자원이 군사무기 분야에 필요하다. 현재 미국 내 스마트폰, 전기 자동차, 첨단 무기 시스템을 생산하는 데 필요한 재료의 생산 및 제조에 필요한 귀금속 및 금속 중 약 35가지가 희소 금속의 주 생산국인 중국에 의해서 통제되고 있는 점은 시사하는 바가 크다. 결국 미국 정부는 지난 2022년 3월, 「국방물자생산법(DPA, Defense Production Act)」에 리튬, 니켈, 코발트, 흑연, 대용량 배터리 망간 등 청정에너지 전환에 필요한 전략적 핵심 소재를 포함하는 광물확보를 위한 전략을 마련하였다.

핵심 광물자원의 확보는 전략 무기개발 이외에도 전기차 및 이차전지 산업 등에서 사용되기 때문에 국가 산업전략의 필수조건이다.

세계 각국은 자국 내 부존자원의 개발과 수입 다변화를 통해 안정적인 공급망을 확보하기 위한 에너지안보 정책을 시행하고 있다.

미국은 2017년 12월 '재생에너지와 자원효율을 강화하기 위한 대통령 지시'를 발표하면서, 전기차 산업 등에서 사용되는 중요한 광물자원인 코발트, 리튬 등을 확보하고자 하였다. 미 국무부는 중앙아프리카공화국 등 코발트 생산국과의 외교적 접촉을 강화하고 민간 투자를 촉진하고 있다.

EU도 리튬, 코발트 등의 핵심광물 확보를 위한 노력을 진행하고 있다. 2020년에 발표한 '유럽 2030 산업전략(Europe 2030 Industrial Strategy)'에서는 전기차 산업에 필요한 리튬 등의 핵심 광물자원을 확보하고, 전기차 산업 생태계를 육성하기 위해 노력하고 있다. 2021년, '친환경 배터리 선언문'을 발표하고 전기차 배터리 생산에 사용되는 광물자원의 윤리적인 책임과 지속가능한 생산과 재활용 체제를 강화하고 있다. 한편 코로나19 및 미-중 갈등, 러-우 전쟁 등 역내 공급망 불안정성이 확대됨에 따라 EU는 2023년 3월에 역내 원자재 공급 안정성 확보를 위해 「핵심원자재법(CRMA, Critical Raw Mineral Act)」을 발표하였다. EU 핵심원자재법은 원자재 가치사슬 강화를 위한 목표 설정, 원자재 확보 방안, 공급망 리스크 관리, 지속가능성 확보 전략을 담고 있다. 2030년까지 전략 원자재를 역내에서 추출(10%), 가공(40%), 재활용(15%)할 방침이며 각 전략 원자재의 공급망 단계에서 특정 단일 국가로부터의 수입 의존도를 65% 이하로 낮춘다는 목표도 제시하였다. 이어 2023년 6월에는 유럽의회가 배터리 순환성 강화를 위한 「지속가능한 배터리법」을 통과시켰고 이 법안에는 배터리 재생원료 사용 의무화, 전주기 탄소배출량 측정, 배터리 여권 도입 등의 내용을 포함하고 있다.

중국은 코발트, 니켈 등 에너지전환 기술에 필요한 광물을 대량으로 생산하고 있어, 상대적으로 높은 그린 광물 지배력을 갖고 있다. 중국은 전 세계 코발트 생산량의 82%를 차지하는 등 코발트와 니켈의 주요 생산국이다. 중국이 높은 광물 지배력을 통해 전기차 산업의 핵심 플레이어로 자리매김하게 된 점은 핵심광물 확보를 통한 신산업을 이끈 대표적인 국가전략 사례로 볼 수 있다. 좀 더 자세히 살펴보면, 코발트와 니켈 등의 채굴은 자국보다는 콩고민주공화국과 같은 개발도상국에서 이루어진다. 개발도상국이 소홀히 하는 광물채취 과정에서 국제적 환경, 노동기준으로 인권침해 등의 문제를 야기하고 있지만, 중국은 이들 국가와의 경제 협력을 강화하면서 코발트와 니켈 등 그린 광물 채굴 지배력을 강화하고 자국 산업의 발전 및 시장 지배력을 도모하고 있다.

일본은 지난 2010년 중국과 센카쿠 열도를 둘러싼 영토 분쟁에서 중국으로부터 희토류 수출제한을 경험하였다. 일본 국내의 광물자원 부족 문제와 해외 주요 광물 보유국과의 아픈 경험을 겪은 이후 자원안보를 강화하기 위해 해외 자원개발 협력을 강화하고, 자국 내에서도 대규모의 해저광물자원 개발에 총력을 기울이고 있다. 일본의 해저광물자원 개발은 국가 차원의 사업으로 추진되고 있으며, 2021년 일본 정부가 발표한 '해저광물자원 이용 및 개발 기본계획'은 이러한 국가전략의 하나이다. 또한 일본 정부는 자국 기업들이 인도네시아, 아프리카 등에서 광물자원 확보에도 적극적으로 지원하고 있으며, 국제자원기구와 함께 광물자원 확보를 위한 협력을 추진하고 있다.

광물 수요의 95%를 수입에 의존하는 우리나라는 경제·안보에 중요하고 공급이 불안정한 광물을 전략광물로 지정하여 관리하고 있다. 현재 6대 전략광물로 유연탄, 우라늄, 철, 구리, 아연, 니켈이 있고, 이외에도 산업광물이라고 불리는 비금속 화합물의 원료 광물이나 건축재료의 원료 광물 등도 전략적으로 관리하고 있다. 2023년에는 국가 경제안보 차원에서 관리가 필요한 33종의 핵심광물(Critical Minerals)을 선정하고, 국가 첨단산업인 반도체, 이차전지 등에 필수적인 원료 광물을 대상으로 공급 리스크, 경제적 파급력 등을 평가하여 10대 전략 핵심광물(리튬, 니켈, 코발트, 망간, 흑연, 희토류 5종(네오디뮴, 디스프로슘, 터븀, 세륨, 란탄))을 관리하고 있다.

1.3.5 광물산업의 지속가능 이슈

친환경산업의 핵심 재료를 공급하는 광물산업에서의 환경과 사회 문제는 ESG 관점에서 중요하다.

환경 측면에서는 온실가스 배출, 물 사용 및 폐광 문제를 들 수 있다. 이 중에서 광업부문의 온실가스 배출량을 McKinsey가 Scope별로 분석하였다. Scope 1은 광산운영에서 발생하는 직접적인 배출, Scope 2는 전력이나 열공급으로 인한 간접 배출, Scope 3은 기타 모든 간접 온실가스 배출량이다. 광물 생산과정에서 직·간접적으로 배출하는 Scope 1, 2 배출량만을 산정할 경우 약 4~7% 정도로 추정된다. 그리고 원자재 활용 과정에서의 배출량인 Scope 3까지를 반영하면 석탄을 포함한 광물산업 전체에서 발생하는 온실가스는 28%까지

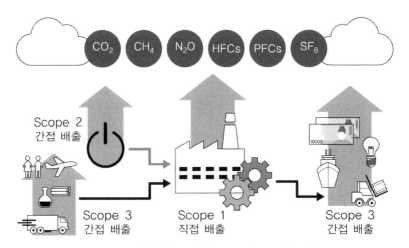

그림 1.16 온실가스 배출 스코프(Scope) 종류

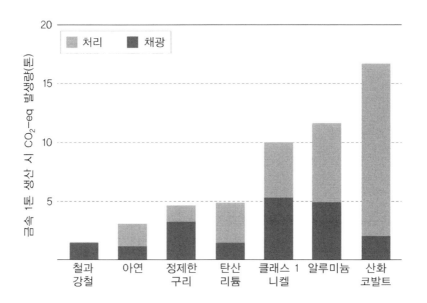

출처: IEA, 2022.

그림 1.17 광종별 온실가스 배출량 비교

상승한다. 현재 배터리 생산과정에서 발생하는 온실가스 배출량을 살펴보면 Scope 1~3까지 모두 포함하는 전 과정평가(LCA, Life Cycle Assessment)로 산출했을 때, 셀 생산에서 약 20~30%, 공급망에서 나머지 70~89%의 온실가스가 배출된다. 그리고 공급망 배출량의 50% 이상은 배터리 4대 핵심 원재료(리튬, 니켈, 코발트, 흑연)가 차지한다.

광업은 환경과 사회 측면에서 모두 지속가능한 방식으로 이루어져야 한다. 환경 측면에서는 광산에서 발생하는 온실가스 배출, 환경오염 문제를 최소화하고, 생태계를 보호하는 것을 목표로 삼아야 한다. 광산에서 발생하는 폐기물의 처리 및 재활용, 친환경적인 광산 기술의 개발 및 적용 등이 필요하다. 사회적으로는 광산 주변 지역 주민들의 건강과 안전을 보호하며, 지역사회와의 소통을 강화하고, 지역사회의 지속적 발전을 지원하는 것을 목표로 해야 지속가능한 광업 활동을 보장할 수 있다.

참고문헌

관계부처합동. 2020.9.5. 「규제개선·지원을 통한 순환경제 활성화 방안 – 플라스틱 열분해 및 사용후 배터리 산업을 중심으로」.

관계부처합동. 2023.6.22. 「순환경제 활성화를 통한 산업 신성장 전략」.

김준수·전연수·전정혁·조재영. 2021. 「선형경제에서 순환경제로의 전환, 자원리사이클링」, 제30권 제3호.

문진영·박영석·나승권·이성희·김은미. 2021. 「국제사회의 순환경제 확산과 한국의 과제」, 대외경제정책연구원.

박정원·문윤실·이현경. 2023. 「희토류 회수 및 재활용 기술」, 한국과학기술평가원.

삼일회계법인(PwC). 2022.4. 「순환경제로의 전환과 대응전략 – 플라스틱과 배터리(이차전지)를 중심으로」.

삼정KPMG 경제연구원. 2022.3. 「ESG시대, 폐기물 처리업의 주인은」.

서울시 녹색산업지원센터. 2022.12. 「2022 녹색산업 인사이트 – 플라스틱 재활용」.

여영준. 2023.8.21. 「순환경제가 가져올 기회와 도전과제: 전망과 중장기 전략」, 국회미래연구원 Future Brief 23-13호.

조성훈. 2023. 「유럽 핵심원자재법(CRMA)의 입법동향과 시사점」, 대외경제정책연구원.

통계청. 2023. 「한국의 SDG 이행보고서 2023」.

투데이에너지. 2017.8.3. 4차 산업혁명 성공 조건, '핵심광물자원' 확보, http://www.todayenergy.kr/news/articleView. html?idxno=125415

한국투자증권. 2023.4.「Mineral 확보전, 너 내 동료가 돼라」, ESG DIGEST.

홍완식. 2021.『소재, 인류와 만나다』, 삼성경제연구소.

환경부 원주지방환경청. 2018.「지정폐기물 배출관리방안」.

BBC. 2023. How recycling, can help the climate and other facts, https://www.bbc.com/future/article/20230317-how-recycling-can-help-the-climate-and-other-facts

BloombergNEF. 2023. Transition Metals Outlook 2023, https://www.bloomberg.com/news/videos/2023-02-22/transition-metals-outlook-2023

Herman Daly. 2015.6.「Economics for a Full World, Great Transition Initiative」.

IEA. 2021.「The Role of Critical Minerals in Clean Energy Transitions」.

McKinsey. 2020.「Climate Risk and Decarbonization: What Every Mining CEO Needs to Know」.

Morgan, D., Emily, J.H., and Joshua, B. 2023. America's military depends on minerals that China controls, https://foreignpolicy.com/2023/03/16/us-military-china-minerals-supply-chain/

OECD. 2022.6.21.「Global Plastic Outlook-Policy Scenarios to 2060」.

OECD. 2022.12.5.「Global Plastic Outlook-Pathways to ending plastic leakage to the environment, International Symposium for Asia and the Pacific 2022」.

2장

배터리 순환경제

- 친환경과 전기화(electrification): 미래산업의 메가 트렌드
  - 이차전지: 전기차의 주 동력원으로 높은 시장성장 기대
- 이차전지의 양극재 소재물질(리튬, 니켈, 코발트, 망간)의 수요 급증 → 광물이 가지는 유한성, 편재성, 비환경적 속성은 지속적 성장을 저해 → 이차전지 재사용과 재활용을 통한 배터리 순환경제 실현이 필수
- 성능이 저하된 배터리를 통한 유가금속의 회수기술: 환경오염 방지와 탄소배출 감소에 긍정적. 공급리스크 감소에 중요한 역할 → 배터리 생산/소비/소재공급 경제주체의 전략적 제휴와 상호 지분투자가 확대
- 배터리 순환경제를 위한 재활용/재사용 기술
  - 건식공법: 폐배터리를 팩 또는 모듈 단위에서 분쇄 후 전기로에 넣어 고온 용융을 통해 유가금속 회수
  - 습식공법: 폐배터리를 셀 단위까지 분해 후 분쇄하여 '블랙파우더' 형태로 만든 후 이를 황산 등과 반응시켜 침출방식으로 유가금속 회수

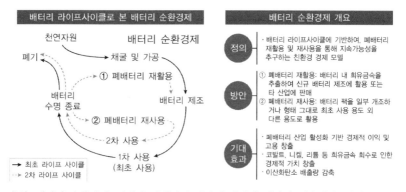

출처: 배터리 순환경제, 전기차 폐배터리 시장의 부상과 기업의 대응전략, 삼정KPMG, 2022.3.

[배터리 라이프사이클로 본 배터리 순환경제]

배터리 순환경제

미래 산업의 메가 트렌드(mega trend)는 친환경(eco-friendly)과 전기화(electrification)에 초점을 맞추고 있다. 전기차, 로봇, 드론 등은 미래산업 변화를 이끌 주요 품목들로 여겨지고 있으며, 이와 같은 미래산업 기반에는 이차전지(secondary cell, rechargeable battery)라고도 불리는 배터리가 위치하고 있다. 시장조사기관 IHS Markit은 2025년에는 자동차 배터리 시장규모가 182조 원에 이르러 같은 시기 메모리 반도체 예상 시장 규모인 169조 원보다도 더 큰 시장을 형성할 것으로 전망한 바 있다. 배터리가 '제2의 반도체'로서의 역할을 담당할 정도로 시장이 급성장한다면, 사용 후 폐배터리 재활용 시장도 동반 성장할 것은 명확하다. 따라서 배터리 순환경제의 생태계 조성에 관한 전 세계적인 니즈가 전망된다.

2.1 이차전지의 이해

일차전지(primary cell)는 한번 방전이 되면 더 이상 사용하지 못하는 전지로, 일반적으로 잘 알려진 건전지가 그 예이다. 반면에 이차전지(secondary cell)는 방전 후 다시 충전하여 재사용할 수 있는 전지를 뜻한다. 일상에서 쉽게 만나는 이차전지로는 내연기관 자동차에 시동을 걸기 위해 사용하는 납축전지가 있으며 니켈-카드뮴 배터리, 니켈-메탈 수소 배터리, 그리고 스마트폰, 태블릿PC 등 생활가전에 널리 보급되어 사용되는 리튬이온 배터리가 이차전지에 해당한다. 그리고 최근 들어 우리 주변에서도 심심치 않게 눈에 띄는 전기차가 동력원으로 삼고 있는 전기차 리튬이온 배터리 역시 대표적인 이차전지라 할 수 있다. 2000년 이후 이차전지 시장은 리튬이온 배터리가 주도하고 있는데, 그 이유는 기존 니켈계 배터리의 단점이었던 메모리 현상(충전지를 완전 방전되기 전에 재충전하면, 충전지 수명이 줄어드는 현상)이 없고, 소형화가 가능하며 충전 시간 대비 긴 수명, 납/수은 등 유해물질이 없다는 등의 다양한 이점 때문이다.

2.1.1 리튬이온 배터리 구성

이차전지 가운데 가장 대표적인 상용모델인 리튬이온 배터리는 크게 양극, 음극, 전해액, 분리막으로 구성된다. 각각에 대해 살펴보자.

먼저 양극(cathode)이다. 양극은 양극 기재(current collector)라 불리는 알루미늄 포일(aluminum foil)에 양극재라 불리는 양극 활물질(cathode active material)과 도전재(conductive material) 그리고 바인더(binder)를

섞은 양극 합제를 입혀서(coating) 제조한다.

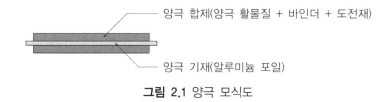

양극 합제(양극 활물질 + 바인더 + 도전재)

양극 기재(알루미늄 포일)

그림 2.1 양극 모식도

양극 활물질은 자연상태에서 불안정한 리튬을 포함하고 있는 물질이다. 리튬은 자연 상태에서 불안정하기 때문에 양극 활물질 내에 존재하는 리튬은 리튬금속산화물 형태($LiMO_2$로 나타내는데 M은 금속(Metal) 또는 금속 혼합물을 의미)로 포함되어 있다. 금속산화물 가운데 리튬코발트산화물($LiCoO_2$)이 가장 우수한 양극 활물질로 알려져 있으며 대부분의 소형 모바일 전자기기 배터리에 사용되고 있다. 반면, 전기차용 배터리에는 코발트가 고가 금속이므로 성능은 다소 떨어지더라도 가격 경쟁력을 위하여 혼합 금속산화물(코발트와 니켈(Ni), 망간(Mn), 알루미늄(Al) 등을 적당한 비율로 조합)을 양극 활물질로 쓴다. 예컨대, 미국 전기차 대표 제조사인 테슬라는 탑재 배터리의 양극 활물질로 리튬니켈코발트알루미늄산화물($LiNi_{0.8}Co_{0.15}Al_{0.05}O_2$)을 사용하기도 하며, 국내 배터리 기업들의 주력 리튬이온 배터리인 '삼원계 배터리'의 경우 리튬과 함께 사용되는 금속으로서 니켈, 코발트, 망간 화합물(NCM계열)인 리튬니켈코발트망간산화물($LiNi_xCo_yMn_zO_2$, x + y + z = 1)을 활용한다. 특히, 최근에는 값비싼 코발트의 양을 줄이고 에너지 밀도를 높이기 위해 니켈의 함유비율을 높여서 양극 활물질을 개발하는 탈코발트화, 고니켈화 추세를 보이고 있다. 니켈 함량이 60% 이상인 양극 활물질을 사용한 배터리를 하이 니켈(High Nickel) 배터리라 부르며, 화합물의 금속 비율에 따라 NCM811, NCM622 등으로 표기된다. NCM811의 경우, 니켈:코발트:망간의 비율이 8:1:1을 의미하는 것이다.

배터리에서 양극 활물질이 중요한 이유는 통상 어떤 양극 활물질을 사용하는가에 따라 배터리의 용량과 전압이 결정되기 때문이다(그림 2.2 참조). 양극 활물질에 리튬을 사용하는 이유는 원자번호 3번의 가장 가벼운 금속원소인 리튬 비중이 높을수록 배터리 용량을 크게 하고, 전압을 높일 수 있으며, 경량화에 용이하기 때문이다.

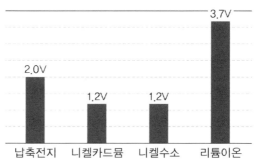

그림 2.2 양극 활물질에 따른 배터리 평균 전압

실제로는 양극 활물질을 만들기 위해서 직전 단계 물질인 전구체(precusor)를 사용한다. 예를 들어, NCM계열 배터리의 전구체는 황산니켈($NiSO_4$), 황산코발트($CoSO_4$), 황산망간($MnSO_4$)을 적절히 혼합한 수용액에 수산화리튬(LiOH) 또는 탄산리튬($LiCO_3$)을 배합한 후 건조

하여 제조한다. 이렇게 얻은 전구체를 약 700~800℃에서 열처리하면 최종적으로 배터리 제조에 필요한 양극 활물질을 얻을 수 있다.

양극합제를 구성하는 도전재는 리튬금속산화물의 전도성을 높이기 위해 사용되는 물질이며, 바인더는 알루미늄 포일에 양극 활물질과 도전재가 잘 정착할 수 있도록 도와주는 일종의 접착제 역할을 하기 위해 첨가되는 물질이다.

다음은 음극(anode)이다. 양극제조와 유사하게 음극제조 역시 음극 활물질에 도전재와 바인더를 혼합한 음극 합제를 음극 기재인 동박(Cu foil)에 입혀 제조한다. 음극제라 불리는 음극 활물질로는 대부분 흑연(graphite)을 사용한다. 흑연은 음극 활물질이 지녀야 할 구조적 안정성, 낮은 전자 화학 반응성, 리튬이온을 많이 저장할 수 있는 특징을 두루 갖춘 재료로 꼽히고 있다. 음극재는 양극에서 나온 리튬이온을 저장 및 방출하여 전류를 흐르게 하는 역할을 하는데, 리튬이온의 저장과 방출 과정이 반복될수록 흑연의 구조가 변화하며 저장할 수 있는 이온의 양이 줄어들어 배터리의 수명이 감소한다. 음극재가 배터리의 수명을 결정하는 만큼 용량이 크고 충전 속도를 증가시킬 수 있는 실리콘 음극재와 같은 차세대 음극재 개발이 활발하게 진행되고 있다.

다음은 전해액(electrolyte)에 대해 알아보자. 전해액은 리튬이온이 이동하는 매개체로써 에틸렌 카보네이트(EC, Ethylene Carbonate) 또는 디메틸 카보네이트(DMC, Dimethyl Carbonate) 등 유기용매에 염과 첨가제를 용해하여 제조한다. 대표적인 염물질이 육불화인산리튬($LiPF_6$)이며 흔히 리튬염이라고 불리운다. 전해액은 리튬이온들이 원

활하게 전극으로 이동할 수 있도록 돕는 매개체 역할을 한다. 전해질은 리튬이온의 원활한 이동을 위해 이온 전도도가 높은 물질이어야 하며, 안전을 위해 전기화학적 안정성, 발화점이 높아야 한다. 그리고 전자(e^-)의 출입을 막아 전자(e^-)가 외부 도선으로만 이동하도록 만들어야 한다. 통상은 액체 형태의 전해질을 사용하므로 전해액이라고 불린다.

마지막으로 분리막(separator)이다. 분리막은 주로 다공질(porous media) 폴리에틸렌(PE, Polyethylene), 폴리프로필렌(PP, Polypropylene) 등으로 구성되며 양극과 음극을 분리하여 양극과 음극의 직접적 접촉으로 인한 화재 등으로부터 안정성을 높인다. 또한, 분리막의 미세한 구멍을 통해 리튬이온이 전해질을 통과할 수 있도록 하는 통로의 역할을 제공한다. 최근 배터리 소형화, 경량화, 고용량화를 위해 두께가 얇은 분리막 연구가 진행되고 있다.

2.1.2 리튬이온 배터리 원리

다음은 리튬이온 배터리의 원리에 대해 살펴보자. 리튬이온 배터리는 리튬의 화학적 반응(산화-환원 반응)으로 전기를 생산하는 배터리이다.

먼저 충전과정에 대해 알아보자. 충전은 양극의 산화반응, 음극의 환원반응으로 요약된다. 전자를 내어놓는 것이 산화이며, 전자와 결합하는 것이 환원반응이다. 양극 활물질 내에 리튬금속산화물 형태로 존재하는 리튬은 전자를 쉽게 내어놓는 성질을 가졌기에 충전 시, 전자를 쉽게 내어놓고 리튬이온(Li^+)이 되어 전해질을 통해 분리막을 거쳐 음극으로 향하여 흑연의 판상구조 사이에 축적된다. 충전 과정

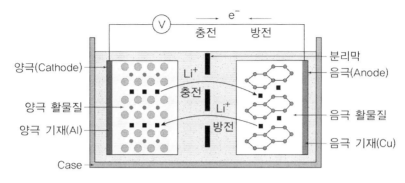

그림 2.3 리튬이온 배터리 구조와 원리

에서 리튬이 양극에서 이온을 내어놓게 되므로 양극에서 산화반응이 일어난다. 이때 양극 활물질에서 리튬이 내어놓은 전자(e^-)는 전해질을 통과하는 것이 아니라 양극 기재인 알루미늄 포일로 모이고, 음극과 연결된 도선을 통해 음극 기재로 이동 후 음극 활물질인 흑연의 판상구조 사이에서 이동된 리튬이온과 결합되어 축적되는 환원반응이 발생한다.

다음은 방전 과정에 대한 설명이다. 방전은 음극의 산화반응, 양극의 환원반응으로 요약할 수 있다. 충전이 완료된 이후 외부 전기를 제거하면 배터리가 일반적인 자연 상태에 놓이게 되는데, 이때 리튬이온 배터리는 방전 과정을 거치게 된다. 방전 과정에서는 음극 활물질 내에 쌓여 있던 리튬은 전자를 내어놓고 리튬이온(Li^+)이 되어 충전과 반대 방향으로 전해질을 거쳐 분리막을 통과하여 양극으로 간다. 즉, 방전 과정에서는 음극에서는 리튬이 전자를 내어놓는 산화반응이 일어난다. 이때 역시 리튬이 내어놓은 전자(e^-)는 전해질이 아닌 음극 기재(Cu foil)에 모여 도선을 따라 양극 기재로 흘러가 양극 활물질 내에서 리튬이온과 결합하여 리튬금속산화물 형태로 축적되어 양극에서는 리튬의 환원과정이 발생한다. 이와 같은 전자의 이동이 바로 전류이므로 도선에 전류가 흐르게 되는 구조이다. 리튬이온배터리는 명칭에서 유추할 수 있듯이 리튬이온이 양극과 음극을 오가면서 산화와 환원반응을 일으키고 이때 동반되는 전자(e^-)의 이동을 통해 발생한 전기에너지가 충전과 방전을 반복하는 것이다. 아래 화학식은 리튬과 코발트를 양극 활물질로 갖는 소형 리튬이온 배터리의 충방전 상태를 나타내고 있다.

$$(방전된\ 상태)\ LiCoO_2(양극)\ +\ C_6(음극)\ \longleftrightarrow$$
$$CoO_2(양극)\ +\ LiC_6(음극)\ (충전된\ 상태)$$

이 식에서 C_6은 흑연의 육각형 고리를 이루는 탄소원자 여섯 개를 의미한다. 충전을 하면 음극에서 탄소 여섯 개에 리튬이 하나 꼴로 들어가는 반면, 방전이 됐을 때(기본 상태) 양극에서는 리튬과 코발트가 1:1로 존재하게 된다.

더불어, 배터리에 관한 글을 보면 혼란스러운 것이 양극과 음극에 관련된 개념이다. 배터리 업계에서는 통상 방전과 같이 자발적 상태에서 양이온(cation)이 향하는 곳을 양극(cathode)으로 정의한다. 따라서 양극은 환원이 일어나는 곳이기도 하다. 그림 2.3에서도 방전 시 리튬이온(Li^+)이 향하는 곳을 양극으로 나타내고 있으며 이곳에서 환원이 일어난다. 참고로 브라운관을 다루는 사람들은 cathode를 음극관이라 부른다.

최근 시장에서 이차전지는 양극 활물질의 구성 성분에 따라 크게 두 가지로 나뉘어 경쟁하고 있다. 하나는 위에서 살펴본 바와 같이 우리나라 배터리 업체에서 주력으로 생산하고 있으며 양극재의 구성이 리튬과 더불어 니켈, 코발트, 망간 등으로 이루어진 소위 삼원계(Li + Ni, Co, Mg) 배터리이며, 다른 하나는 중국 CATL사가 주력으로 생산하고 있는 리튬인산철(LFP, Li + FePO$_4$) 배터리이다. 삼원계 배터리는 리튬인산철 배터리에 비해 에너지밀도가 높아 장거리 주행이 가능하고 가벼운 장점이 있는 반면, 상대적으로 가격이 비싸고 화재의 위험이 있다. 이에 비해서 리튬인산철 배터리는 삼원계 배터리에 비해 에너지 밀도가 낮아 상대적으로 단거리 주행만 가능하고 무거운 단점을 가지는 반면 가격이 저렴하고 화재의 위험이 적은 것으로 알려져 있다.

두 종류의 이차전지는 각각의 장단점이 있어 당분간 시장에서 각자의 필요에 따라 경쟁할 것으로 예상된다. 다만, 순환경제의 폐배터리 재활용 측면에서 본다면 리튬, 코발트, 니켈, 망간 등 값비싼 금속을 양극재로 사용한 삼원계 배터리가 경제성 측면에서 주요 재활용 대상이며 리튬인산철 배터리의 경우 양극재가 상대적으로 저렴한 소재들로 구성되어 있으므로 폐배터리 재활용에 대한 수요는 떨어진다.

조금 다른 면에서, 최근 전고체 배터리에 대한 논의도 많이 이루어지고 있다. 전고체 배터리란 전해질을 액체가 아닌 고체 성분으로 바꾼 이차전지로써, 이차전지의 최대 단점 중 하나인 화재의 위험을 크게 낮출 수 있어 삼성SDI, 토요타 등 세계 주요 기업에서 많은 연구를 진행하고 있는 배터리이다. 그러나 전고체 배터리는 기술적으로 극복할 문제들이 산재되어 있어, 현 시점에서 상업적으로 가시적 성과를 거두기에는 다소 시간이 소요될 것으로 보인다.

2.1.3 리튬이온 배터리 성능 – 배터리 용량, 에너지 양, 에너지 밀도

배터리의 성능은 용량, 에너지 양, 에너지 밀도로 평가할 수 있다. 첫 번째, 배터리 용량은 배터리가 저장할 수 있는 전기의 양을 뜻하며, 전기라는 것이 전류의 흐름을 나타내므로 결국 전류가 얼마 동안 흐를 수 있는가를 나타내며 단위는 Ah(암페어 아워)를 사용한다. 배터리 용량이 1Ah라면 1A의 전류로 1시간 동안 사용할 수 있는 배터리 용량을 뜻한다.

두 번째, 배터리의 에너지 양, 즉 배터리가 저장할 수 있는 에너지의 양은 배터리의 용량(Ah)에 전압(V)을 곱한 것으로 정의한다. 전압이란 전류를 흐르게 하는 압력 차이로 단위는 볼트(V)다. 물이 흐르려면 양단의 높이 차이나 수압 차이가 필요하듯이, 전류가 흐르는 데에도 전류가 흐르는 양단의 전위차, 즉 전압이 필요하다. 전류와 전압의 곱을 와트(W = A*V)로 정의하므로, 결론적으로 배터리 에너지 양의 단위는 Wh가 된다.

세 번째, 배터리 에너지 밀도는 중량당 에너지 밀도와 체적당 에너지 양을 사용하며, 단위는 각각 Wh/kg, Wh/l를 사용한다.

보통 스마트폰 리튬이온 배터리 용량은 약 4,500mAh이며 전압은 약 3.7V이므로 스마트폰 배터리의 에너지 양을 산정해보면, 약 16.65Wh(= 4.5Ah*3.7V)이 된다. 일반적으로 전기차 배터리의 에너지 양이 약 60kWh임을 고려할 때 전기차 배터리 에너지 양은 스마트폰 배터리 에너지 양의 약 3,600배(= 60,000Wh/16.65Wh) 수준임을 알 수 있다.

그렇다면 '어떻게 작은 에너지 양을 가진 리튬이온 배터리를 가지고 전기차를 구동할 수 있는 큰 에너지의 전기차 배터리를 구현할 수 있는 것일까?' 하는 문제에 대해 알아보자. 작은 에너지 양을 가진 배터리 셀(cell)을 여러 개 직렬과 병렬로 연결하여 모듈(module)을 구성하고 이렇게 구성된 모듈을 다시 여러 개 연결하여 팩(pack)을 구성함으로써 결국 자동차를 구동할 수 있는 높은 에너지 양을 가지는 전기차 배터리를 만드는 원리이다. 예를 들어, 볼보 최초의 전기차 'C40 리차지'의 경우 장착된 배터리의 성능은 약 400V의 전압과 78kWh의 에너지 양을 나타내는데, 이는 총 324개 배터리 셀을 직렬과 병렬로 적절히 배치하여 모듈과 팩의 형태로 구현하기 때문에 가능한 일이다. 즉, 셀 하나의 전압과 용량은 각각 3.7V와 66Ah이다. 이를 직렬로 4개, 병렬로 3개 연결시켜 모듈을 만든다. 그러면 모듈의 전압은 직렬 연결된 셀의 수만큼 비례하여 증가해서 14.7V가 되며, 모듈의 용량은 병렬로 연결된 셀의 수만큼 비례하여 증가하므로 198Ah가 된다. 이제 이렇게 만들어진 모듈을 다시 직렬로 27개 연결

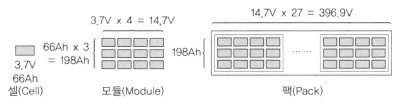

그림 2.4 전기차 배터리 구성도 예시(셀, 모듈, 팩)

하여 팩을 만들면 최종적으로 팩의 전압과 용량은 396.9V, 198Ah가 되는 것이다. 따라서 이렇게 만들어진 배터리 팩의 에너지 양은 전압과 용량을 곱한 78.6kWh(= 396.9V × 198Ah)이 된다(그림 2.4 참조).

2.2 배터리 순환경제의 필요성

배터리 순환경제란 생산한 배터리를 구입 및 사용 후 폐기해 버리는 선형적 소비경제모델이 아니라 성능이 저하된 배터리는 다른 용도로 재사용(reuse)하고 이후 재사용이 어려운 배터리의 경우에는 배터리를 분해하여 그 원료를 수집하여 새로운 배터리 제작의 원료로 재활용(recycle)하는 등 배터리의 지속가능성을 추구하는 친환경 경제모델을 말한다.

최근 시장에서 배터리 순환경제에 주목하고 있는 이유는 배터리 시장의 급격한 성장, 원자재 공급망 리스크와 자원안보, 환경이슈 등의 세 가지로 요약할 수 있다.

2.2.1 배터리 시장의 급속한 성장

한 시대를 풍미한 내연 기관차에 이어, 전기차의 시대가 열릴 것으로 예상된다. 그에 따른 배터리 관련 산업도 미래 성장 산업 중에 하나로 자리매김할 가능성이 매우 높다. 1991년 소니(Sony)가 리튬이온 배터리를 상용화한 이후 우리 주변에는 이미 2000년대 들어서면서부터 핸드폰과 노트북 등 가전제품의 필수요소로 소형 리튬이온

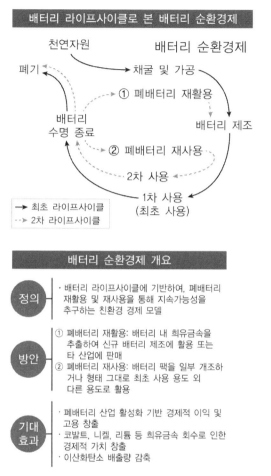

그림 2.5 배터리 순환경제와 개요

배터리를 사용하게 되었고, 결과적으로 리튬이온 폐배터리 역시 많이 배출되고 있다. 향후 전기차의 빠른 보급을 고려해 볼 때 전기차에 사용되는 리튬이온 배터리의 수요와 그 사용 후 폐배터리의 양은 기하급수적으로 증가할 것으로 보인다. 통상적으로 전기차 한 대에 필요한 배터리 에너지 양이 휴대전화 약 3,600개에 들어가는 에너지 양임을 고려한다면(2.1.3 리튬이온 배터리 성능 참조), 리튬이온 배터리의 수요와 사용 후 폐배터리의 양은 가히 엄청날 것으로 보인다.

글로벌 전기차 배터리 시장은 그 규모가 2023년 기준 약 1,210억 달러 규모에서 매년 약 15.5%의 성장률을 보이며 2035년 6,160억 달러 규모에 이를 전망이다. 폐배터리 시장규모 역시 동기간 6억 달러에서 960억 달러 규모로 매년 약 52.6%의 가파른 성장세를 이어

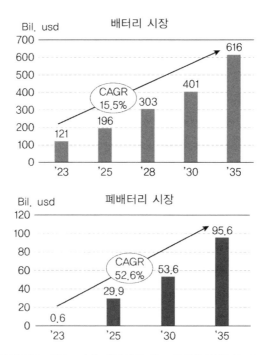

출처: SNE리서치(2022) 참조, 저자 재구성(CAGR: 복합연간성장률, Compound Annual Growth Rate)

그림 2.6 배터리 및 폐배터리 시장 전망

갈 것이다. 여기서 주목할 점은 폐배터리 시장은 신규 배터리가 폐배터리화되어 시장에 배출될 때까지 약 7~10년 정도의 시간 지연이 있다는 점과 폐배터리 순환에 대한 활성화 제도나 법규들이 현재도 강화되는 방향으로 진행 중이라는 점이다. 이와 같은 현재 상황을 요약하면, 폐배터리 시장의 성장 속도나 규모는 시간이 지날수록 더욱 확대될 수 있을 것으로 보이며, 궁극적으로는 배터리 제조 시 원료 원가 비중 등을 고려하면 배터리 시장 규모의 30~40% 수준까지도 확대될 수 있을 것으로 예상된다.

전기차 배터리의 급속한 성장과 함께 원재료 조달 시장의 규모도 가파르게 성장하고 있다. 변동비 비중이 높은 배터리 산업의 특성을 고려할 때 향후 원재료 조달 능력에 따라 기업별 성패가 나눠질 것으로 보인다. 무엇보다도 배터리 제조에 필요한 핵심 광물자원의 경우, 광물의 본질적 속성인 유한성, 편재성, 비친환경성을 고려해볼 때, 향후 친환경적이고 안정적인 자원 확보의 중요성은 더욱 부각될 전망이다.

전기차 제조 원가에서 배터리 팩 원가 비중은 약 45%, 배터리 셀의 원가 비중은 약 34% 수준으로 알려져 있다. 이 가운데 배터리 셀의 원가 비중을 살펴보면, 소재가 높은 비중을 차지한다. 특히 양극재, 음극재, 분리막, 전해액인 4대 소재가 배터리 셀 제조 원가에서 차지하는 비중이 약 66%이며, 주요 광물자원인 리튬, 니켈, 코발트, 망간으로 구성된 양극재가 셀 제조 원가의 45%를 차지한다. 따라서 광물자원 가격 변동성이 확대될 경우 원가부담 리스크는 커질 수밖에 없다(그림 2.7 참조).

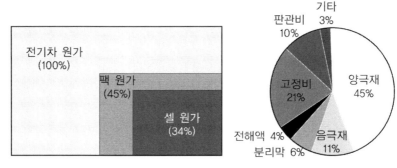

출처: SNE리서치, 하나증권, 2022.9.

그림 2.7 전기차 제조 원가 비중 및 배터리 셀 내 원가 비중

2.2.2 공급망 리스크와 자원안보

친환경, 전기화(electrification) 등 글로벌 패러다임 변화는 전기차, 재생에너지 등 핵심 광물 집약형 산업구조로 전환을 촉진하고 있다. 국제에너지기구(IEA, International Energy Agency) 보고서에 따르면 교통수단 제조 시, 내연기관 자동차 한 대 생산에 사용되는 광물의 양이 34kg인 데 비하여 전기차 한 대를 생산하는 데 사용되는 광물의 양은 약 209kg으로 약 6.2배가 더 많다. 발전설비 건설을 비교하면, 기존 천연가스 발전설비 건설에 사용되는 광물의 양이 MW당 1,127kg이라면, 태양광 발전에 사용되는 광물의 양은 6,761kg으로 6배, 육상풍력 발전설비 건설에 사용되는 광물의 양은 1만 85kg으로 약 9배, 그리고 해상풍력 발전설비 건설에 사용되는 광물의 양은 1만 5,268kg으로 약 13.55배가 더 필요하다. 그리고 전기차 배터리 생산에 필수재료인 리튬, 흑연, 코발트, 니켈 등의 광물 소비는 2020년 사용량을 기준으로 할 때 2040년에는 그 소비량이 각각 42배, 25배, 21배,

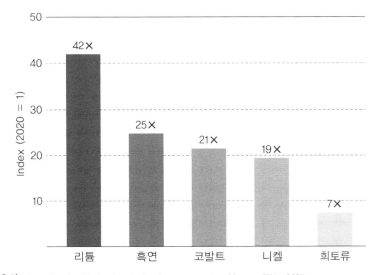

자동차	단위: kg/대		배율
전기차		209	6.2
내연기관		34	1(기준)

발전설비	단위: kg/MW		배율
해상풍력		15,268	13.55
육상풍력		10,085	8.95
태양광		6,761	6
원자력		5,121	4.545
석탄화력		2,423	2.15
천연가스		1,127	1(기준)

출처: the role of critical minerals in clean energy transitions - IEA, 2021.

그림 2.8 주요 에너지 산업별 광물 사용량 비교

출처: the role of critical minerals in clean energy transitions - IEA, 2021.

그림 2.9 2040년 주요 광물 사용량

19배에 이를 것으로 분석되고 있다. 바야흐로 광물자원이 주도하는 시대라고 해도 과언이 아니다. 그럼에도 불구하고 광물자원이 가지는 본질적 속성(유한성, 편재성, 비친환경성) 등은 글로벌 친환경, 전기화, 배터리 산업 발전에 있어 커다란 장애요인이 될 수밖에 없기 때문에 각국 정부와 기업은 이에 대한 대응에 적극적이다. 이와 같은 상황은 배터리 순환경제에 관심을 높이는 이유이기도 하다.

리튬 함유 광석 종류

광석명	사진	리튬 최대 함유량(%)	평균 리튬 함유량(%)
리티아휘석		8.0	2.9~7.7
리티아운모		7.7	3.0~4.1
인반석		7.4	–
엽장석		4.5	3.0~4.7

자료: Roskill(2016) 외 자료 종합

호주 그린부시(경암형 광산)

자료: Australian Mining Review(2018)

출처: 배터리 핵심 원자재 공급망 분석, 한국무역협회, 2022년 21호.

그림 2.10 리튬 함유 광석 종류와 경암형 광산

배터리 제조와 관련된 주요 핵심광물인 리튬, 니켈, 코발트, 망간에 대해 특성과 국가별 부존량, 생산량을 살펴보면 다음과 같다.

첫째, 전기차 배터리를 중심으로 그 사용처를 넓혀감에 따라 '하얀 석유'로도 불리는 리튬에 대해 알아보자. 리튬은 주로 경암형(hard rock) 광산 또는 염호형(salt lake) 광산을 통해 산출된다. 경암형 광산은 일반적으로 우리가 알고 있는 광산처럼 리튬 함유량이 많은 광물들, 즉 리티아휘석(스포듀민 광석, Spodumene), 리티아운모(Lepidolite), 인반석(Amblygonite), 엽장석(Petalite) 등이 분포된 광산을 의미하며, 특히 호주의 그린부시(Greenbushes) 광산은 세계 최대, 최고의 리티아휘석(스포듀민) 광산으로 알려져 있다.

염호형 광산은 주로 남미에 많이 분포되어 있는데 칠레의 아타카마(Atacama) 염호, 아르헨티나의 살리나스 그란데스(Salinas Grandes) 염호, 볼리비아 우유니(Uyuni) 염호 등이 유명하다. 세 염호는 지리적 위치상 삼각형을 이루고 있어서 소위 남미의 리튬 삼각지대로도 불린다(그림 2.11 참조).

리튬은 그 산출지(경암형 광산, 염호형 광산)에 따라 처리 방식과 1차 생산물, 사용처 등이 상이하다. 경암형 광산으로부터 리튬 생산물을 산출하기 위해서는 먼저 리튬 함유량이 많은 광석(예: 리티아휘석(스포듀민 광석))을 채굴하고 파분쇄·분리 등을 통해 선광(選鑛)하여 리튬 정광(精鑛)을 얻는다. 리튬 정광은 고온가열 등 제련을 통해 최종적으로 고밀도/고용량이 필요한 전기차 배터리에 사용되는 수산화리튬(LiOH)을 얻는다. 이렇게 얻은 수산화리튬은 주로 고밀도, 고용량을 필요로 하는 전기차 배터리에 사용된다. 이는 수산화리튬이 양

염호별 리튬 함유량

염호명 (국가)	사진	염수 평균 리튬 함유량(mg/L)
아타카마 염호 (칠레)		1840
살리나스 그란데스 염호 (아르헨티나)		800
우유니 염호 (볼리비아)		532

자료: Researchgate(2016)

남미 리튬 삼각지대 위치

자료: Resource World Magazine(2018)

출처: 배터리 핵심 원자재 공급망 분석, 한국무역협회, 2022년 21호.

그림 2.11 주요 염호별 리튬 함유량 및 남미 리튬 삼각지대

극 활물질 배합에서 배터리 에너지 밀도를 높여 주는 니켈과의 합성이 용이하기 때문이다. 따라서 수산화리튬은 일반적으로 니켈이 결합된 NCM, NCA 등의 삼원계 배터리(특히, 최근에는 니켈의 비율이 60% 이상인 하이니켈 배터리) 제조에 많이 사용되고 있어 최근 국내에서 더욱 주목받고 있다.

염호형 광산으로부터 리튬 생산물을 산출하는 경우에는 추출한 염수를 수백일간 태양광을 이용해 증발시킨 후 화학 공정을 통해 불순물을 제거하여 탄산리튬(Li_2CO_3)을 얻게 된다. 이렇게 얻은 탄산리튬은 주로 인산철을 양극 활물질로 하는 LFP 배터리나 에너지 밀도가 다소 떨어지는 소형 배터리를 만들 때 사용된다. 또한 탄산리튬은 필요시, 추가공정을 통해 수산화리튬으로 전환도 가능하다(그림 2.12 참조).

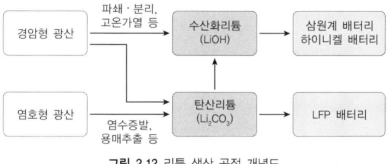

그림 2.12 리튬 생산 공정 개념도

미국 지질조사국(USGS)에 따르면, 2021년 말 현재 전 세계의 리튬 가채 매장량은 22.4백만 톤(칠레 42%, 호주 26%, 아르헨티나 10% 등), 2021년 리튬 생산량은 104천 톤(호주 53%, 칠레 25%, 중국 13% 등)이다(그림 2.13, 2.14 참조). 현재 호주가 전 세계 리튬의 절반 이상을 생산하고 있으나, 향후 칠레, 아르헨티나 등 남미 리튬 염호 개발이 본격화될 전망이다.

다만, 부존량(현재 채굴이 불가능한 영역까지 포함한 총 자원량)의 경우, 79.5백만 톤으로 현 가채 매장량의 약 3.5배 수준이다. 부존량 점유율은 볼리비아 26%, 아르헨티나 24%, 칠레 12%순이다. 셰일 가

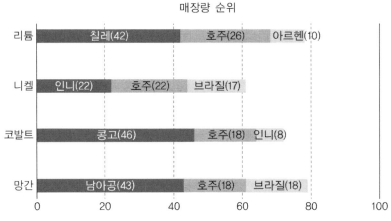

매장량 순위

출처: 기술동향, 전기차 배터리 핵심광물, KISTEP, 2023.5.

그림 2.13 전기차 배터리 핵심광물 가채 매장량 순위(단위: %)

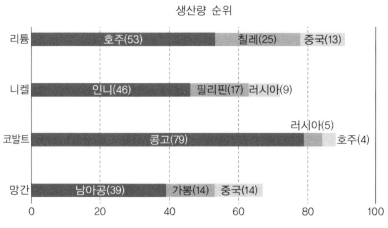

생산량 순위

출처: 기술동향, 전기차 배터리 핵심광물, KISTEP, 2023.5.

그림 2.14 전기차 배터리 핵심광물 생산량 순위(단위: %)

스가 기술 발전 과정에서 천연가스 매장량에 포함된 것처럼, 향후 리튬 역시 가채 매장량 증가 가능성은 높은 편이다.

둘째, 니켈 광석(Nickel Ore)은 크게 황화광(Sulfide Ore)과 산화광(Laterite Ore)으로 나뉘며, 황화광 40%, 산화광 60%의 비율로 존재한다. 일반적으로 니켈 함량이 높은 황화광은 러시아, 캐나다, 호주, 중국 간쑤성이 대표적인 산지로 꼽히고 있으며, 산화광은 주로 인도네시아, 브라질 등 열대지역에 분포한다. 전 세계 니켈 매장량은 95.4백만 톤(인도네시아 22%, 호주 22%, 브라질 17% 등), 2021년 생산량은 2.7백만 톤(인도네시아 46%, 필리핀 17%, 러시아 9% 등)이다. 매장량과 생산량 모두 인도네시아의 시장 점유율이 가장 높다. 다만, 인도네시아 정부는 2년 전 원광 수출 금지를 발표한 이후 최근에는 니켈 수출 관세 부과도 검토하는 등 전기차 및 배터리 공급 체인의 니켈 확보비용 부담이 점차 증대되고 있는 상황이다. 이에 중국 기업들은 인도네시아에 대규모 제련시설을 구축하는 등 다수의 니켈 광산 프로젝트를 추진하고 있다. 향후 이 두 나라가 세계 니켈 공급에 미치는 영향력은 더욱 커질 것으로 예상된다. 이러한 상황을 고려해 볼 때, 최근 테슬라, 현대차 등 완성차 업체의 인도네시아 현지 투자 증가는 당연한 귀결이다.

셋째, 코발트는 주로 구리 또는 니켈 광산에서 부산물로 생산된다. 전 세계 매장량은 7.6백만 톤(콩고 46%, 호주 18%, 인도네시아 8% 등)이며, 2021년 생산량은 16만 5천 톤(콩고 79%, 러시아 5%, 호주 4% 등)이다. 콩고의 코발트 시장 점유율이 압도적인 상황에서 사실상 과점 시장을 형성하고 있다. 콩고민주공화국(Democratic Republic of the Congo)은 전 세계 코발트 수출량의 약 95%를 차지하는데, 대부분을 중국으로 수출하고 있다. 중국은 세계 코발트 수입량의 90%를 차지할 만큼 최대 수입국인데, 이는 콩고민주공화국의 코발트 광산에 대규모로 투자하여 광산의 약 70%를 보유하며 지배력을 행사하고 있기 때문이다. 이에 일각에서는 배터리 공급망 측면에서 리튬보다 코발트 수급 리스크가 더 클 수 있다는 전망이 있어, 배터리 가치사슬의 탈콩고, 나아가 탈코발트를 위한 노력이 지속되고 있다. 기술적으로는 하이니켈, 코발트 미포함(cobalt-free) 양극재 등 코발트를 적게 사용하는 연구가 이루어지고 있다.

마지막으로, 망간의 전 세계 매장량은 14.9억 톤(남아공 43%, 호주 18%, 브라질 18% 등), 2021년 생산량은 20백만 톤(남아공 39%, 가봉 14%, 중국 14% 등)이다. 타 광물 대비 많은 매장량, 생산량을 보유하고 있어 상대적으로 공급 리스크에서 자유로울 것으로 전망된다.

요컨대, 배터리 핵심광물 부존량과 생산량이 대부분 남미, 동남아, 아프리카 등 특정 지역에 편재되어 있고, 상위 3개국이 차지하는 비중이 70~80%에 이를 정도로 편중되어 있다는 점은 현재 지정학적 리스크가 확대되는 글로벌 정세 속에서 분명 배터리 가치사슬의 위험 요소임에는 분명하다. 이런 상황에서 칠레는 리튬에 대해 자국 공기업(Codelco 등)이 주도 개발을 추진하고 있으며, 인도네시아는 니켈 원광석 수출을 금지(2019. 10.)하는 등 자원의 국유화 및 무기화를 추진하고 있는 현실이다.

또한 공급망 리스크와 관련하여 매장량, 생산량 못지않게 중요하게 고려하여야 할 점은 생산된 광물자원의 제련 및 정련이다. 이러한 핵심 광물은 우리나라의 경우 광석 자체로 수입되기보다는 제련, 정련 등을 거쳐 중간제품 형태로 수입하거나 화합물 형태로 수입하게 되는데, 대부분 수입 1위 국가인 하나의 국가로부터 수입하고 있는 비중이 70~80%에 달하고 있는 상황이다. 특히, 중국으로부터의 수입 의존도가 지나치게 높아 유사시 리스크 헤지와 에너지안보를 위해서라도 공급망 다변화가 절실한 상황이라 하겠다.

표 2.1 양극재 원료 화합물의 수입현황(단위: 천 달러, %)

광물명	화합물	22년 수입액	수입 1위국	1위국 비중
리튬	수산화리튬	3,660,745	중국	87.9
	탄산리튬	1,740,524	칠레	78.5
니켈	황산니켈	42,061	핀란드	68.2
	니켈중간제품	78,423	인도네시아	42.7
코발트	황산코발트	13,435	중국	100
	산화코발트	195,656	중국	77
	코발트중간제품	105,348	콩고	78.2
망간	황산망간	841	벨기에	71.9
전구체	금속수산화물	810,377	중국	98.6
	기타 금속산화물	742,269	중국	99.9
	NCA산화물	32,289	중국	100
	NCM수산화물	2,313,180	중국	92.6

출처: 한국무역협회kstat, 2022.

지금까지 살펴본 매장량과 생산량을 기준으로, 향후 광물자원 예상 수요와 비교해 봄으로써 광물 공급망 리스크를 평가해 보기로 하자. 먼저, 수요의 측면을 살펴보면, 2022년 글로벌 완성차 판매량은 약 8,063만 대이며, 그중 전기차 판매는 약 802만 대로 그 비중은 약

9.9%이다(즉, 전기차 침투율 = 9.9%, 전기차 침투율이란 전체 완성차 판매량 중 전기차 판매량이 차지하는 비중). 여기서는 계산의 단순화를 위하여 판매되는 전기차 배터리는 모두 60kWh, NCM622 배터리를 장착했다고 가정하자. 일반적으로 60kWh 용량의 NCM622 배터리의 경우 양극 활물질을 구성하고 있는 주요 금속 함유량은 리튬 6kg, 니켈 32kg, 코발트 11kg, 망간 10kg 정도로 알려져 있다(표 2.2 참조).

표 2.2 리튬이온 배터리 속성별 함유 금속량(60kWh 기준) (단위: kg)

	NCM811	NCM622	NCM523	NCA+	LFP
리튬	5	6	7	6	6
니켈	39	32	28	43	0
코발트	5	11	11	2	0
망간	5	10	16	0	0
흑연	45	50	53	44	66
알루미늄	30	33	35	30	44
구리	20	19	20	17	26
강철(steel)	20	19	20	17	26
철(iron)	0	0	0	0	41

주) 전해질, 바인더, 분리막, 팩 케이스는 제외한 수치
출처: ELEMENTS, 한국투자증권 폐배터리, 2023.6.1.

이와 같은 가정하에서 금속 광물의 수요(= 완성차 판매대수 × 침투율 × 해당금속 필요량)는 연간 글로벌 전기차 침투율을 각각 10%, 30%, 50%로 가정할 경우 표 2.3과 같이 구해질 수 있다.

다음은 공급 측면을 살펴보면, 핵심 광물금속의 글로벌 생산량

(2021년 기준)은 앞서 살펴본 바와 같이 표 2.3의 생산량(1)과 같으며 각 금속의 경우 전기차 배터리 이외의 용도로도 사용되므로 전기차 배터리에 사용되는 핵심 광물별 비율이 각각 74%, 13%, 65%, 5%로 가정하는 경우 실제 전기차 배터리에 사용될 수 있는 공급생산량은 표 2.3의 생산량(2)와 같다. 표에서 알 수 있는 것과 같이, 전기차 침투율을 10%로 가정하면 핵심 광물금속에 대한 수요는 공급의 70% 수준에 가까이 있음을 이해할 수 있다. 이 결과는 향후 전기차의 보급이 늘어 침투율이 상승할 경우 수요는 공급을 초과할 수 있으며 핵심 광물 가격의 상승 및 해당 생산국의 자원 무기화에 따른 광물자원 공급 불안정성이 크게 부각될 수 있음을 의미한다.

표 2.3 전기차 침투율에 따른 핵심 광물 생산량/수요량 비교(단위: ton)

침투율	수요량			글로벌 생산량(1)	배터리 사용가능 생산량(2)	침투율 10% 시 수요량/ 생산량(2)
	10%	30%	50%			
리튬	48,378	145,134	241,890	104,000	76,960	62.9%
니켈	258,016	774,048	1,290,080	2,700,000	351,000	73.5%
코발트	88,693	266,079	443,465	165,000	107,250	82.7%
망간	80,630	241,890	403,150	20,000,000	1,000,000	8.1%

주) 리튬, 니켈, 코발트, 망간 생산량(1) 중 배터리 제조에 사용가능 비율은 각각 74%, 13%, 65%, 5%로 가정

이와 같은 현실에서, 우리나라 기업들이 배터리 제조 경쟁력을 유지하기 위해서는 원재료의 안정적 공급확보가 무엇보다도 중요한 상

황이다. 국내외 자원개발 활성화는 물론 현지 정련, 제련을 위한 시설투자 등을 통해 폐배터리 리사이클링을 포함한 공급망 다변화와 안정화 기반 조성 등 공급망 리스크에 철저히 대응해야 할 것으로 판단된다.

2.2.3 환경 및 정부 규제

마지막으로 우리가 폐배터리 시장에 주목하는 이유는 환경과 정부 규제이다. 전자기기 및 전기차 배터리로 사용하고 있는 리튬이온 폐배터리의 경우 리튬과 코발트, 니켈, 망간 등이 주요 원재료로 포함되어 있는데, 국립환경과학원은 이들 성분의 일부를 유독물질로 분류하고 있다(표 2.4 참조). 따라서 리튬이온 폐배터리를 별도의 처리과정 없이 매립할 경우 폐배터리에서 나온 전해액과 전극에 사용한 중금속이 토양과 지하수를 오염시킬 수 있다. 이러한 오염은 적극적인 폐배터리의 재사용과 재활용 등을 통해 일정 부분 감축할 수 있을 것이다.

폐배터리 재사용 및 재활용에 관심을 갖는 또 다른 이유는 탄소발생 감축이다. 생애주기평가(LCA, Life Cycle Assessment)를 통한 전기차와 내연기관차의 생애주기 탄소발자국(Carbon Footprint)을 비교해 보면, 내연기관차는 39톤, 전기차는 약 17톤으로 전기차 사용이 내연기관차 사용에 비해 절반 이상 적은 것으로 알려져 있다. 다만, 탄소발자국을 분석해 보면, 주요 탄소 배출 지점이 크게 다르다. 내연 기관차는 생애주기 동안 배출한 탄소의 약 64%인 25톤이 차량운행 과정에서 배출되는 반면, 전기차는 차량운행 과정에서 발생하는 탄소

표 2.4 전기차 폐배터리가 인체 및 환경에 미치는 영향

성분	출처	특성	건강 영향	환경 영향
니켈	• 니켈카드뮴 배터리 • 니켈-철 배터리 • 니켈-아연 배터리 • 니켈 수소 배터리	매우 독성	• 니켈카보닐은 폐암과 비강암의 원인 • 가려움증 및 작열감과 같은 피부 질환 및 피부가 건조하고 비늘이 생기는 경향 • 니켈로 오염된 물은 단백뇨와 같은 신장 손상을 유발 • 면역학적 문제: 바이러스 및 감염원에 대한 내성 감소	• 니켈 노출은 식물의 녹색 색소 결핍을 유발하며, 인간의 철분 결핍과 유사한 영향을 미침 • 콜로이드 니켈은 동물에게 악영향을 미침
리튬	• 리튬 이차전지 • 리튬 폴리머 배터리	무독성	• 신체의 수분 균형에 심각한 장애 • 갑상선호르몬 합성을 차단 • 졸음, 언어장애, 떨림, 불안정한 걸음걸이, 근육 경련, 근 긴장 증가, 발한 및 발열을 유발 • 영향을 받은 어린이는 체중 증가, 구토, 두통, 메스꺼움 및 떨림으로 고통 • 급성 및 만성 신부전을 일으킬 수 있음 • 임산부에 대한 부작용 • 리튬에 감염된 영아는 얕은 호흡, 긴장 저하, 무기력	• 탄수화물 대사의 간섭과 설치류의 성장 및 뇌하수체 호르몬 변화 • 전염병으로 이어지는 생리학적 및 면역학적 불규칙성 • 구개열, 골격 기형 및 외뇌와 같은 선천적 장애 • 시험 동물의 뇌 성장 장애
망간	• 리튬-이산화망간 배터리 • 아연-망간 이산화 배터리 • 리튬이온-망간 산화물 배터리 • 알카라인 망간 배터리	무독성	• 노출 시 기침, 복통 및 메스꺼움 유발 • '망간 광기' 또는 '파킨슨병' 등 신경 정신병 장애 유발	• 가연성의 미세 분산 입자는 공기 중에서 폭발성 혼합물을 형성 • 해양 무척추동물의 면역 체계에 영향을 미침 • 일부 조류에서 철분 결합을 유도하여 엽록소 합성을 억제 • 목화의 주름진 잎과 감자의 줄기 괴사와 같은 일부 작물에 장애를 유발

출처: 미래 폐기물 재활용 및 적정처리. 환경부. 한국환경산업기술원, 2020.

배출량은 '0'이지만, 생애주기별로 배출한 탄소의 양을 비교해 보면 차체 제조 단계에서 약 34%, 배터리 생산 단계에서 약 31% 그리고 전기 생산 단계에서 약 35% 발생하는 것으로 알려져 있다(그림 2.15 참조). 최근 ESG평가기준이 강화되는 추세를 감안해 볼 때 향후 전기차를 제조하는 기업은 탄소 배출 감축을 위해 자동차 차체 제작과정에서 배출되는 이산화탄소 관리는 물론 전기차 이용을 위해 장착되는 배터리 제조나 배터리 충전을 위해 사용되는 전기 생산 시 발생할 수 있는 이산화탄소도 종합적으로 관리해야 하는 상황이 벌어질 수 있다. 온실가스 프로토콜의 Scope 개념으로 구분하면 Scope 2와 3의 관리가 필수적일 것으로 요약된다(Scope 1: 기업이 소유 및 관리하는 자원에서 직접 발생하는 탄소, Scope 2: 기업이 소유한 자산에서 간접 배출된 탄소, Scope 3: Scope 1, 2를 제외하고 기업의 밸류 체인에서 발생하는 모든 탄소 배출). 특히, 배터리 셀 제조 과정 중에서도 양극재의 원재료인 광물자원 채굴 단계에서 배출되는 탄소의 양이 막대한데, 만약 재활용을 통해 조달하는 광물의 양이 늘어난다면 셀 제조 단계 탄소 배출의 상당 비중을 차지하는 채굴 단계를 생략할 수 있어 탄소배출량을 크게 감소시킬 수 있다. 이는 탄소 발자국, 배터리 여권 제도의 본격 시행을 앞둔 현재, 밸류 체인 전반의 탄소 배출 저감이 갈수록 중요해지는 자동차 제조 기업 및 배터리 제조 기업 입장에서는 매우 중요한 부분이다.

따라서 배터리 공급사슬의 최종 수요자인 자동차 제조 기업 입장에서는 향후 폐배터리 재활용 네트워크를 구축한 배터리 셀 메이커, 양극재 기업, 정·제련 기업들을 주요 공급사, 나아가서는 지분 투자

파트너로 선택할 가능성이 높다. 이는 폐배터리 산업으로의 본격적인 자본 이동을 의미하며 이 과정에서 관련 기업들의 기업 가치 성장은 가속화될 것으로 예상한다.

	PRODUCTION		USE PHASE		LCA Total
	차체	배터리	연료/전기	차량배출	
BEV*	5.7톤 (34%)	5.3톤 (31%)	6.0톤 (35%)	0톤 (0%)	17.0톤
ICEV**	6.9톤 (18%)	0톤 (0%)	7.1톤 (18%)	24.8톤 (64%)	38.7톤

* BEV(Battery Electric Vehicle) : 15만km(12년) 운행, GREET 모델 기준 배출량 추정, 유럽 평균 전력그리드 활용
** ICEV(Internal Combustion Engine Vehicle) : 유럽평균 내연기관, Carbon Brief 분석자료

출처: 이슈리포트, 포스코경영연구소, 2021.10.13.

그림 2.15 생애주기별 탄소발자국 비교(내연기관차 vs. 전기차)

이와 같은 국내외적 전망과 상황을 종합하면, 국내외 자원개발 및 자원국과의 협력은 물론 배터리 순환경제 시스템을 정착시키고 활성화시켜 일정 부분 이상을 폐배터리 재활용 및 재사용을 통해 원재료를 공급하는 것은 매우 중요하다.

2.3 폐배터리 재사용과 재활용

폐배터리 산업은 크게 두 분야로 나뉠 수 있는데 폐배터리를 기존 용도가 아닌 다른 용도로 전환하여 사용함으로써 배터리 사용 연한을 늘리는 배터리 재사용(reuse) 분야와 폐배터리 내에 함유된 값비싼 희귀 금속을 추출하여 신규 배터리 제조에 활용하는 재활용(recycle) 분야다. 재사용은 제품 그대로를 재사용하는 분야와 부품교체 등 수

표 2.5 폐배터리 재사용 vs. 재활용 방안 비교

폐배터리 재사용(Reuse)		폐배터리 재활용(Recycle)
성능이 저하된 폐배터리를 모듈 및 팩 단위에서 ESS 및 UPS 등 다른 용도로 사용	정의	폐배터리를 분해 후 제련하여 희유 금속을 추출하고 배터리 재제조에 활용
주로 중대형 전기차용 폐배터리	주요 대상 배터리	주로 소형 IT기기 폐배터리 향후 점차 전기차용 폐배터리로 이동
폐배터리 진단 및 분석 설비	필요설비 및 요건	폐배터리 방전 시스템 구성물질 회수공정 기술
모듈 및 팩을 분해하지 않아도 되므로 상대적으로 안전하며 추가 비용도 크지 않음	기대효과	원재료 수입 대체로 인한 원재료 비용절감 및 공급선 다변화(도시광산)

출처: Business Focus, 배터리 순환경제, 삼정KPMG 경제연구원, 2022.3.

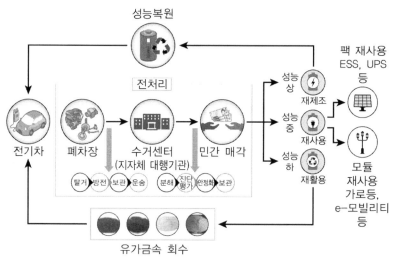

주) 2021년 이후 보조금이 지급된 전기차 사용 후 배터리는 민간 자체 매각 허용
출처: 전기차 사용 후 배터리 산업생태계 활성화 방안, KISTEP, 2022.12.5.

그림 2.16 배터리 생태계 전주기 흐름

리·복원을 통해 재사용하는 재제조(re-fabrication)로 세분화하여 분류하기도 한다.

　폐배터리 재사용, 재활용 활성화 일환으로 정부는 폐배터리 유통 기반 마련을 위해 현재 수도권, 충청권, 호남권, 영남권 등 4개 지역에서 미래 폐자원 거점수거센터를 운영하고 있다. 회수 대상 배터리를 2020년까지 보조금을 지급받은 전기차로부터 발생하는 배터리에 한정한다면 약 13만 7천 대의 전기차 수준이다. 2023년 6월 말 기준, 회수량은 1,338개로 아직 적은 수량이지만 전기차 배터리의 수명(약 7~10년 수준)을 감안해 볼 때 향후 그 회수량은 점차 크게 증가할 것으로 예상된다. 거점수거센터는 전기차 소유자가 정부에 반납하는 폐배터리를 회수하여 잔존 가치인 남은 용량과 수명을 측정한 후 민간에 매각하는 등 민간 재활용 산업 지원에 역할을 할 것이다.

표 2.6 권역별 미래 폐자원 거점수거센터

구분		수도권	충청권	호남권	영남권
소재지		경기도 시흥시	충청남도 홍성군	전라북도 정읍시	대구광역시 달서구
건축면적		1,480m^2	1,075m^2	1,362m^2	1,456m^2
보관 용량	폐배터리	1,097개	636개	1,320개	400개
	폐패널	130톤	221톤	180톤	236톤

출처: 환경부.

2.3.1 폐배터리 재사용

일반적으로 수거한 폐배터리를 약간의 공정을 거쳐 다시 제품화하여 사용하는 것으로 주로 전기차에 사용되는 중대형 이차전지를 대상으로 한다. 배터리 진단을 통해 최초 설계 충전능력 대비 현재 충전능력을 나타내는 비율인 배터리의 건강상태(SoH, State of Health)가 60~80% 정도를 대상으로 한다. 성능이 저하된 배터리는 급제동, 급가속 등 고출력을 요구하는 자동차에는 사용이 어렵지만, 고출력을 요구하지 않는 분야에는 용도변경을 통해 짧게는 3년, 길게는 10년도 사용이 가능하다.

전기차 폐배터리 재사용을 위해서는 먼저 ① 배터리 팩을 해체하여 모듈/셀 단위로 선별 재조립하는 방법과 ② 배터리 팩 단위 그대로 재사용하는 방법이 있다. 모듈과 셀 단위로 선별, 재조립하는 경우 불량 모듈과 셀을 선별하고 용도에 맞는 최적의 제품을 재구성할 수 있다. 다만, 추가 가공 시간 및 비용이 소요되고, 안전 확보를 위한 까다로운 작업 환경이 필요하다. 배터리 팩 단위 그대로 사용하는 경우에는 안전하고 비용절감이 가능하다. 그러나 배터리 팩의 표준화가 이루어지지 않은 상태에서는 사용자의 요구에 부합하는 제품을 제작하기 위한 설계과정의 제약 등이 발생할 수 있다. 재사용되는 배터리는 에너지저장장치(ESS), 전력백업시스템(UPS), 골프 카트, 전동 휠체어 등 다양한 분야에 사용될 수 있다.

현재로서는 폐배터리 재사용 시장은 전기차 시장 개화가 오래되지 않아 수거 가능한 배터리가 적고 지역별로 수거처가 분산되어 있으며 이동 중 폭발 등의 위험이 있어 아직은 활성화되지 않은 시장이

표 2.7 순환경제로의 전환과 대응전략

구분	배터리 셀	배터리 모듈	배터리 팩
형상	■	▦	▥▥
해체 시간 / 난이도	上	中	下
장점	• 불량 Cell 대처 가능 • 다양한 형태의 ESS 구성 용이	• 해체 비용 저렴 • 용도에 따른 제한적 재구성 가능	• 해체 비용 저렴 • 해체 후 단순 조립으로 ESS 생산 가능
단점	• 모듈 해체 시간 및 비용 증가 • 모듈 해체 시 화재 위험 증가	• 모듈 내 일부 Cell 불량 시 성능 저하	• 특정 모듈 및 Cell 불량 시 성능 저하

출처: 환경부, 순환경제로의 전환과 대응전략, 삼일PWC경영연구원, 2022.4.

다. 그러나 향후 배터리 재사용 시장은 완성차 업체, 배터리 제조사 등 대기업이 주도할 가능성이 높다. 일례로 국내의 경우 2017년 현대자동차가 폐배터리와 신규배터리를 결합하여 ESS로 제조한 사례가 있다. 국외도 GM, BMW, Nissan 등 완성차 업체 위주로 재사용 사례가 있으나 아직까지는 초기 단계라 할 수 있다.

2.3.2 폐배터리 재활용

재활용은 재사용 또는 재제조가 불가능한 수준의 배터리를 대상으로 한다. 통상 건강상태(SoH, State of Health)가 60% 이하인 배터리를 대상으로 한다. 재활용 공정을 통해 폐배터리로부터 배터리 제조에 필수적인 핵심 광물을 회수하는 것이다. 사람들은 이러한 과정이 광산이 아닌 일반 도시의 재활용 공장에서 이루어지므로 이를 '도시

광산(urban mining)'이라고도 부른다. 도시광산은 경제적으로나 환경적으로 매우 의미 있는 일이며 배터리 순환경제의 핵심이기도 하다.

폐배터리 재활용 공정은 전처리와 후처리 공정으로 구분된다. 일반적인 전처리 공정은 먼저 방전을 통해 폐배터리를 비활성화(deactivation)하여 폭발 및 감전 위험을 제거한 후 배터리 팩을 해체 및 파분쇄하는 것이다. 전처리 공정 중 방전은 안정성 문제로 인해 가장 중요한 과정이라 할 수 있다. 방전 방식에는 주로 습식 방식인 염수 방전과 건식 방식인 회생 방전이 사용된다.

염수 방전은 전통적 방식으로 폐배터리를 전해질인 염수에 담가 양극에서 음극으로 전류가 흐르게 하여 방전시킨다. 다만, 염수 방전은 오랜 습식 공정 및 건조 과정과 폐수 처리를 거치기 때문에 고비용이 발생하고 환경오염 문제가 있다. 건식 방전은 습식 방전의 한계를 해결하기 위한 방식이다. 건식 회생 방전의 경우 방전 시 소모되는 열에너지가 자가 소비되어 에너지를 절감하는 효과가 있으며, 알루미늄, 케이블, 케이스 등이 오염되지 않기 때문에 자원 회수율이 높아 경제성이 뛰어나다. 다만, 대용량의 배터리를 빠른 시간 내에 방전시킬 수 있는 장비 확보가 선행되어야 한다.

방전을 마친 배터리는 열처리 과정을 통해 전해액을 증발시키고 바인더, 분리막 등 유기물을 열분해시키는 과정을 거친다. 이러한 열처리 과정은 양극 활물질을 양극 기재인 알루미늄 포일으로부터 쉽게 분리할 수 있게 하여 주요 유가금속의 회수율 향상에 도움을 주기 위함이다. 열처리를 거친 배터리 셀의 부품들은 기계적으로 파분쇄 과정을 거친 후 비중, 자성 등 물리적 성질 차이를 이용하여 알루미늄, 구리 등을 분리하고 회수한다. 이후 양극 활물질을 중심으로 한 나머지 성분들은 리튬, 니켈, 코발트, 망간 등이 가루 형태로 혼합된 검은색 분말인 '블랙 매스(black mass) 또는 블랙파우더(black powder)' 형태로 얻어진다.

후처리 공정은 크게 습식제련공정(hydrometallurgy process), 건식제련 공정(pyrometallurgy process)으로 나눌 수 있으며 최근에는 다이렉트 리사이클링(Direct Recycling) 방식 등이 연구되고 있다.

습식제련공정은 앞서 설명한 전처리를 통해 제조된 블랙 파우더를 산에 녹여 침출(leaching)시켜 용매 추출(solvent extraction) 공정을 통해 정제 화합물 및 금속 등의 형태로 회수하는 방식이다. 보통 황산 용액(H_2SO_4)을 사용하며 농도조절과 수차례 반복공정을 통해 회수 금속의 순도를 높이며 정제시킨다. 이와 같은 침출 공정은 크게 무기산 및 유기산을 이용한 화학적 처리 방식(acid leaching)과 미생물을 이용해 금속을 추출하는 생물학적 처리 방식(biological leaching)으로 구분하기도 한다. 생물학적 처리 방식은 오·폐수를 줄일 수 있어 활발한 연구가 이루어지고 있다. 일반적으로 습식 공정의 장점은 연소 과정이 불필요하여 온실가스 배출이 없다는 점과 건식제련에서 회수 하기 어려운 리튬과 망간을 추출할 수 있다는 점이다. 단점으로는 낮은 온도에서 수행하기 때문에 오랜 공정시간이 소요되고, 대량으로 제련을 하기에는 어렵다는 점, 그리고 고농도 산성 화학 용매 사용에 따른 환경오염 리스크 등이 있다.

건식제련공정은 폐배터리를 전처리를 거치지 않거나 부분적으로 전처리 과정을 거친 후 전기로 등에 투입하여 용융 환원함으로써 유가금속을 회수하는 과정이다. 고온을 통해 폐배터리 속 유기물 등은 열분해되며 다른 성분들은 합금(alloy), 매트(matte), 슬래그(slag) 등의 형태로 분리배출된다. 건식 공정은 비교적 공정이 간단하고 화학반응 속도가 빨라 대량 공정이 가능한 것이 장점이지만, 용융 공정에서 고가의 제련 설비와 에너지 소비가 필요하고, 유기물 연소에 따른 유해가스 배출 등으로 인한 환경문제 등을 야기하며, 원료 회수율은 습식 공정 대비 낮은 수준을 보이는 등의 단점이 있다. 통상 업계에서는 원료 회수율을 높이기 위하여 건식 용융을 통해 얻은 합금이나 매트, 슬래그를 습식제련공정을 통해 재처리하기도 한다.

마지막으로 다이렉트 리사이클링 방식은 폐배터리에서 양극 활물질을 직접 추출해 재생 양극 활물질로 만들어 재활용하는 방법이다. 아직까지 해당 방법은 파일럿 및 연구개발 단계로 양상에 돌입한 사례는 없는 것으로 알려져 있다. 다음의 3가지 공정을 거쳐 진행되는데 ① 배터리 셀 단위에서 양극 활물질을 분리하고, ② 열처리 공정을 통해 양극 활물질로부터 이산화탄소와 바인더 성분 등을 제거한 뒤, ③ 양극 활물질을 재생한다. 저온의 재활용 방식으로 친환경적이며 에너지 소비가 적으나, 배터리 타입(LCO, LFP, NCM 등)에 따른 양극 활물질 화학구조를 갖기 때문에 단일 배터리 모델에만 적용되어 양산이 어려운 것 등이 단점으로 꼽힌다.

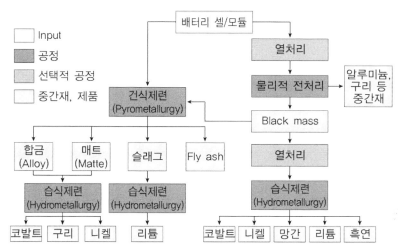

주) Black mass(또는 Black powder)는 배터리 등 전자기기를 분쇄한 상태의 검은색 가루로
각종 금속성분들의 혼합물임. 슬래그(Slag)는 용융과정에서 금속을 제외한 성분들이
산화물 형태로 생성되는 것.

출처: 전기차 배터리 재활용 산업동향 및 시사점, 한국무역협회, 2022.11호

그림 2.17 폐배터리 건식·습식제련 공정 흐름도

표 2.8 폐배터리 재활용 공정방식

구분		건식제련 방식	습식제련 방식
전처리		팩 해체 이후 용융로에 투입	팩 해체, 파분쇄로 Black Powder 생산
제련	공정	배터리 팩 + 산소, 흑연 → 금속합금 + 이산화탄소 + Slag	Black Powder + 약품 → 금속용액 + 물 + 산소
	중간 산물	금속 합금	금속 용액
	장단점	대량 처리가 가능하지만 용용로 등 투자비용이 높고 이산화탄소 배출이 불가피함	건식 공정에서 회수하기 힘든 망간, 리튬 추출이 가능하나 공정시간이 길고 금속 이외 유기성 폐기물 다량 발생
정제·제품화		코발트, 니켈, 구리 회수	코발트, 니켈, 구리, 망간, 리튬 회수

출처: 한국미래기술교육연구원, 유진투자증권, 2022.12.6.

2.4 관련 정책 및 기업 동향

2.4.1 관련 정책

주요 국가별 배터리 순환경제와 관련된 주요 정책에 대해 미국, 중국, EU, 우리나라 순으로 알아보도록 하자.

미국의 경우 미·중 패권 경쟁 격화에 따른 자국 핵심 광물 생산역량을 확대하고, 경제·산업 우방국 중심으로 공급망 구축 등 핵심광물 공급 안정화 정책을 추진하고 있다. 특히, 바이든 정부에서는 2021년 4대 산업(반도체, 배터리, 의약품, 희토류)에 대한 공급망 검토를 추진한 바 있으며, 2022년 6월에 출범한 핵심광물안보파트너십, 2022년 8월에 발효된 「인플레이션 감축법(IRA, Inflation Reduction Act)」 등을 통해 탈 중국 및 자국 중심의 산업·광물 공급망 강화를 추진하고 있다.

최근 발표된 인플레이션 감축법 세부 지침인 'IRA Section 13401'에 따르면 북미 지역에서 최종 조립된 전기차에 한정하여 1대당 최대 7,500달러 세액공제가 가능하며, 세부조건 충족 시 배터리 핵심광물 및 부품에 대하여 각각 최대 3,750달러의 세액공제가 가능하다.

표 2.9에서 알 수 있듯이, 인플레이션 감축법은 전기차 보조금 지급 조건으로 미국 혹은 미국과 FTA를 체결한 국가로부터 배터리 원재료 조달을 요구하고 있는데, 이는 우리나라와 같이 배터리 제조 시, 미국과 FTA 미체결 국가로부터 원재료를 수입해야 하는 입장에서는 배터리 재활용 또는 재사용에 더욱더 관심을 기울여야 할 이유이기도 하다.

그리고 미국은 에너지부, 국방부, 상무부 등이 참여하는 '첨단 배터리 연방 컨소시엄(FCAB, Federal Consortium for Advanced Batteries)'을 구축했다. FCAB는 지난 2021년 6월 '리튬이온 배터리를 위한 국가

표 2.9 IRA 친환경차 세액공제 적용요건

구분	세부 내용	적용 시기
A. 최종조립 요건	전기차의 최종 조립이 북미(미국, 캐나다, 멕시코)에서 이루어져야 함	2022. 8.16.~
B. 배터리 핵심광물 요건	B-1: 전기차에 탑재된 배터리 제조에 사용된 핵심광물은 40% 이상(2023년 기준, 비율은 매년 증가)이 1) 미국 또는 미국의 FTA체결국에서 추출 또는 처리되거나 2) 북미에서 재활용된 경우에 한해 3,750달러 상당의 세액공제 혜택을 받을 수 있음 * 연도별 비율: ('24.1.1. 이전) 40% → ('25) 60% → ('26) 70% →('27 이후) 80% * 핵심광물: 리튬, 니켈, 망간, 코발트, 알루미늄, 흑연 등 50여 종 광물	2023. 3.1.~
	B-2: 전기차에 탑재된 배터리 제조에 사용된 핵심광물이 해외우려집단(Foreign Entity of Concern)에서 추출, 처리 또는 재활용된 경우 세액공제 혜택을 받을 수 없음	2025. 1.1.~
C. 배터리 부품 요건	C-1: 전기차에 탑재된 배터리 제조에 사용된 주요 부품은 50% 이상(2023년 기준, 비율은 매년 증가)이 북미에서 제조 또는 조립된 경우에 한해 3,750달러 상당의 세액공제 혜택을 받을 수 있음 *연도별 비율: ('24.1.1. 이전) 50% → ('24~'25) 60% → ('26) 70% → ('27) 80% → ('28) 90% → ('29) 100% *주요 부품: 셀, 모듈, 전극활물질(양극재, 음극재, 음극기판), 전기적 활물질(솔벤트, 첨가제, 전해질)	2023. 3.1.~
	C-2: 전기차에 탑재된 배터리 제조에 사용된 주요 부품이 해외우려집단(Foreign Entity of Concern)에서 조달된 경우 세액공제 혜택을 받을 수 없음	2024. 1.1.~

출처: 미국 IRA 법안참조, 산업연구원, 2022.

표 2.10 미국과 FTA 체결국 및 FTA 미체결국

	국가명
FTA 체결	한국, 호주, 칠레, 바레인, 캐나다, 콜롬비아, 코스타리카, 도미니카, 엘살바도르, 과테말라, 온두라스, 이스라엘, 요르단, 멕시코, 모로코, 니카라과, 오만, 파나마, 페루, 싱가포르
FTA 미체결	중국, 아르헨티나, 볼리비아, 인도네시아, 콩고, 남아공 등

청사진 보고서'를 통해 자국 내 배터리 공급사슬 구축의 중요성을 강조함과 동시에 자국 내 폐배터리 재활용 목표 및 산업 육성안을 제시했다.

보고서에서 FCAB는 배터리 재활용 목표를 단기(2025년)와 장기(2030년)로 나누어 제시하고 있는데, 눈여겨볼 점은 주요 재활용 금속 사용 비율에 대한 내용이다. 단기적으로는 회수율 향상, 장기적으

표 2.11 미국 첨단 배터리 연방 컨소시엄(FCAB) 장단기 목표

	주요 내용
단기 목표 (~2025년)	• 재사용 및 재활용이 용이한 배터리 팩 설계 촉진 • 비용 절감에 중점을 두고 재활용된 리튬이온 배터리 재료를 수집, 분류, 운송 및 처리하는 성공적인 방법 수립 • 코발트, 리튬, 니켈, 등 핵심소재 회수율 향상 • 회수된 핵심 재료들을 공급망에 다시 도입하기 위한 처리기술 개발 • 재활용 배터리 사용처별 분류 • 테스트 및 균형 조정을 위한 방법론 개발 • 리튬이온 배터리의 수집, 재사용 및 재활용을 촉진하기 위한 연방 차원의 정책 수립
장기 목표 (~2030년)	• 소비자 가전, 전기차 및 그리드 저장 배터리의 90%가량을 재활용이 차지할 수 있도록 인센티브 제공 • 배터리 제조단계에서 재활용 재료 사용을 요구하는 연방 정책 모색

출처: 미국 첨단 배터리 연방 컨소시엄(FCAB)

로는 미국 내 배터리에 사용되는 금속의 약 90%를 재활용 금속으로 사용할 것을 권고하고 있다. 재활용을 의무화하지 않은 점, 광물자원별 재활용 비율 및 명확한 시점을 설정하지 않은 점은 유럽의 배터리 규정 대비 추상적이다. 다만, 2030년 예상 광물자원 수요 중 재활용을 통한 조달 비율을 유럽의 배터리 규정 대비 크게 상회하는 90%로 권고하고 있다는 점을 감안할 때, 향후 배터리 재활용 관련 정책 지원 확대 가능성은 높다고 판단된다.

중국의 전기차 폐배터리 재활용 시장은 2021년 약 150억 위안에서 향후 4년간 연평균 28% 성장하여 2025년 400억 위안 이상의 규모를 형성할 전망이다. 중국은 자국 전기차 시장의 가파른 성장에 따른 전기차 폐배터리의 대규모 출회를 앞두고 2012년부터 폐배터리 재활용/재사용 정책 제정과 구체화된 가이드라인 제시를 통해 산업 발전을 추진 중에 있다.

해외자원개발의 경우, 자원개발 공기관을 중심으로 남미의 구리와 리튬, 아프리카의 코발트와 철광석, 인도네시아 및 필리핀의 리튬에 집중하고 있다. 특히, 코발트의 경우 콩고민주공화국에 인프라 연계 및 자원외교 프로그램 운영 등을 통해 국영자원개발 기업의 대규모 투자를 지속하고 있는 상황이다. 2021년 10월, 정부 지원하에 중국 망간 정제업체들 간 '망간 이노베이션 연합'을 결성하고 시장에 공동 영향력을 행사하는 등 망간 공급망도 통제하기 시작했다. 망간의 경우 중국의 생산량은 미미하나, 정 · 제련 단계의 중국 글로벌 점유율은 90%에 육박하는 수준이다.

폐배터리 재자원화의 경우 중국 정부는 2018년 '신재생에너지 자동차 동력 배터리 재활용 관리 잠정 방법'을 통해 자동차 생산기업에 전기차 배터리 재활용의 주체적 책임을 부여하는 '동력 배터리 재활용 생산 책임제'를 명시하였다. 이를 통해 베이징과 상하이를 포함한 17개 지역에서 폐배터리 시범사업을 시행하고 있으며 배터리 제조사, 중고차 판매상, 폐기물 회사와 공동으로 폐배터리의 회수와 재판매가 가능한 시스템을 구축하고 있다. 2019년 발표한 '신재생에너지 자동차 폐배터리 종합이용 산업규범조건'에서는 EU보다 더 높은 수준의 전기차 폐배터리 자원 회수율을 목표로 리튬 85%, 니켈 98%, 코발트 98%, 망간 98%를 제시하고 있다.

더불어 중국 정부는 2021년 7월 '순환경제발전규획'을 통해 전기차 폐배터리 재활용을 6대 중점 행동 과제 중 하나로 제시하고, 전기차 배터리의 재활용 추적관리 체계구축을 위한 상세 의무사항을 규정하였다. 주요 상세 의무사항으로는 신에너지차의 배터리 이력관리 플랫폼 구축, 신에너지차 배터리 재활용 이력 보완관리 체계 구축, 전기차 배터리 규범화를 통한 재사용 추진 등이 있다.

EU는 지난 2023년 3월 표결을 거쳐 2035년부터 역내에서 판매되는 신규 승용차 및 승합차의 이산화탄소 배출을 전면 금지하는 규정을 최종 채택했다. 이 규정에 따르면 2030~2034년 EU역내에서 판매되는 신차는 이산화탄소배출량을 2021년 대비 승용차는 55%, 승합차는 50%를 의무적으로 감축해야 한다. 2035년부터는 신규 승용차 및 승합차의 이산화탄소 배출이 아예 금지된다. 사실상 기존 내연기관 차량 판매가 불가능해지는 것이다. 다만, EU는 회원국 독일의 강력한 주장에 따라 합성연료(e-fuel)를 주입하는 신차의 경우는 2035

년 이후에도 판매를 계속 허용하기로 예외를 두기로 했다.

또한 유럽의회는 2023년 6월 14일 본회의에서 배터리 설계에서 생산, 폐배터리 관리에 대한 포괄적 규제를 담은 '지속가능한 배터리법(이하 배터리법)'을 승인했다. 행정부격인 EU집행위원회가 2020년

표 2.12 EU배터리법 주요 내용

구분	내용	
재생원료 사용제도	• 핵심광물 재활용 의무화 • 법발효시점기준 8년간 유예(2031년 의무화) • 재활용 비중(8년 후 →13년 후) • 코발트 16% → 26%, 리튬 6% → 12%, 납 85% → 85%, 니켈 6% → 15%	
폐배터리 수거 강화	폐배터리 수거 의무비중 단계적 확대(생산자책임기구)	
	휴대용 배터리	**LMT배터리**
	2023년 45% 2027년 63% 2030년 73%까지 수거	2028년 51% 2031년 61%까지 수거
배터리 여권제도	• 배터리 생산·사용 등 정보를 전자정보 형태로 기록 • 대상 배터리는 전기차·LMT배터리 및 2kWh 이상 산업용 배터리	
공급망 실사 규정 적용	• 중소기업을 제외한 모든 역내 관련 업계 적용	
탄소발자국 제도	• 배터리 전주기 탄소배출량 측정 • 생산·소비 전 과정에서 발생하는 온실가스총량 신고의무화 • 대상 배터리는 전기차·LMT배터리 및 2kWh 이상 산업용 배터리	
핵심광물 수거	• 폐배터리 재활용 장려 • 수거비중(2027년 → 2031년) 리튬 50% → 80% 코발트, 구리, 납, 니켈 90% → 95%	
휴대용 배터리 디자인	• 소비자들이 쉽게 분리하고 교체할 수 있는 디자인 설계 • 대상 배터리는 휴대전화 등 휴대용 배터리	

12월 초안을 발의한 지 약 3년만이다. 의회의 이날 승인으로 남은 형식적 절차인 EU이사회 승인 및 관보 게재를 거쳐 발효된다.

우리나라 정부는 핵심 광물과 관련하여 33종 핵심 광물 및 10대 전략 핵심 광물을 선정하고, 2030년까지 특정국 의존도를 50% 이하로 완화하고 재자원화 비율을 20%로 확대하려고 한다. 또한, 폐배터리 재활용 관련 정책들을 꾸준히 개선하고 있다. 2018년 2월 지방자치단체의 전기차 보조금 지급이 시작된 이후, 「대기환경보전법」 제58조 제5항에 따라 보조금을 지급받은 전기차 소유주는 지방자치단체에 폐배터리 반납이 의무화되었으며, 현재 거점 수거센터를 통해 반납 중이다. 그러나 2020년 12월 관련 법안이 개정, 2021년 이후에 등록된 차량에 대해서는 반납의무가 폐지되며 민간기업과 폐배터리 거래가 가능하도록 하였다. 이에 따라 민간배터리 재활용 산업이 본격적으로 성장할 전망이다.

폐배터리의 회수체계/평가/매각에 대한 법령 정비와 제도 개선도 진행 중이다. 「전기 · 전자제품 및 자동차의 자원순환에 관한 법률」 및 「폐기물관리법」이 개정되며 운송, 보관 및 재활용 등에 대한 법적 근거가 마련되었다.

2021년 7월, '2030 이차전지 산업(K-Battery) 발전 전략'을 통해 폐배터리 재활용 사업의 시장 활성화를 위한 육성 정책이 구체화되고 있다. 이 전략에 따르면, 향후 재활용된 폐배터리 제품의 안정성 및 사업성 검증을 위한 실증 사업이 추진되고, 종합정보관리시스템이 구축되어 폐배터리 재활용 전 과정을 관리하는 시스템이 마련될 전망이다. 「기후위기 대응을 위한 탄소중립 · 녹색성장 기본법(약칭: 탄소중립기본법)」(제64조)에서도 폐기물 재활용 및 재제조 산업의 활성화를 강조하고 있다. 2021년 12월에 발표한 '2050 탄소중립 이행을 위한 한국형 순환경제 이행계획'에서 자원 전 과정에서의 순환적 관리를 강조하고 있다. 여기서는 배터리 재사용을 포함한 사용수명 연장 및 회수·재활용 체계를 구축함으로써 순환경제 활성화를 위한 법적 기반을 마련하였고 2024년부터 「순환경제사회 전환 촉진법」을 시행 예정이다. 더불어 최근에는 순환경제 활성화를 위한 산업 신성장 전략(2023.6월)을 통해 재사용 및 재활용 기반을 구축하고, 재생원료 생산 및 사용을 촉진하고 있는 상황이다.

2.4.2 기업 동향

현재 각국은 전기차 보급 확대에 따른 배터리 산업 육성을 위한 정책과 제도를 정비하고 있다. 배터리 산업 육성을 위해서는 안정적 가격을 통한 경제성 확보와 공급망 리스크 최소화 그리고 친환경적 요소 등이 필수적이며, 이를 고려할 때 배터리의 재활용과 재사용 시장의 중요성은 날로 부각되고 있는 상황이다.

즉, 배터리 산업 내에서 전기차 제조사, 배터리 제조사, 재활용 기업들은 산업 구조상 서로 밀접하게 연결되어 있어서, 상호 간 투자나 전략적 제휴 등을 통해 시장에 대응하고 있다. 배터리 제조사의 경우 배터리 제조에 필요한 원료를 안정적으로 확보하기 위해 핵심 소재 제조사와의 협업은 물론 직접 광산투자를 시행하고 있으며, 재활용 업체를 통한 원료확보에도 주력하고 있다. 전기차 제조사는 배터리 제조사, 재활용 업체들과 전략적 협업을 강화하고 있다. 재활용 업체

또한 폐배터리 확보를 위하여 배터리 제조사 또는 전기차 제조사 등과 제휴를 확대해 가고 있다.

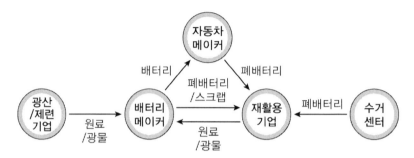

그림 2.18 자동차 메이커, 배터리 메이커, 재활용 기업들 간의 협업 관계

국내외 주요 전기차 제조기업, 배터리 제조기업 그리고 폐배터리 재사용 및 재활용 기업들 상호 간 투자나 전략적 제휴 현황은 다음과 같다.

먼저, 전기차 생태계의 선두주자로 꼽히는 테슬라의 경우 향후 쏟아져 나올 전기차 폐배터리의 활용방안으로 일명 '테슬라 메가팩(mega pack)'이라 불리는 대형 ESS센터 설립을 검토 중인 것으로 알려지고 있다. 폐배터리 재활용을 통한 배터리 제조업 내재화도 적극적으로 검토하고 있다. 중국 대표 전기차 제조 기업 BYD는 전기차 제조업을 넘어 폐배터리에 대한 ESS사업 및 폐배터리 원료 회수율을 90% 이상으로 구현할 수 있는 재활용 공정개발 등 배터리 재활용 사업에 적극적이다. 국내의 경우, 현대차는 폐배터리 재활용 사업 TF를 구성하고 자회사 현대글로비스, 현대모비스 등과 협업하여 사업을 전개하고 있다. 2021년부터 중고차 판매사업을 시작한 현대글로비스는 전 세계 폐차장, 딜러점 등에서 폐배터리를 회수할 계획이며 회수된 배터리의 상태에 따라 재사용하거나 또는 양질의 폐배터리의 경우 현대모비스를 통해 재제조를 진행할 구상이다. 그리고 한수원(한국수력원자력), OCI와 업무협약을 통해 자동차 폐배터리를 ESS 등으로 재사용하는 사업도 진행 중에 있다.

　세계 최대 규모 전기차 배터리 제조사인 중국 CATL의 경우 지난 2021년 자회사인 광동 방푸와 후베이 이화그룹이 투자하여 후베이성 이창시에 배터리 재활용 기업을 건설하였으며 중요 자회사 중 하나인 호남 방푸는 이미 현재 중국 최대 폐배터리 순환기지로 역할을 하고 있다. 우리나라의 LG에너지솔루션은 두산에너빌리티, 호주 인바이로스트림과 함께 협약을 통해 폐배터리 재활용 사업을 진행하고 있으며 중국 1위 코발트 생산업체 화유 코발트와도 배터리 리사이클 합작법인을 설립했다. 그리고, LG에너지솔루션은 2022년 5월 미국에서 GM과의 합작법인 '얼티엄 셀즈(Ultium Cells)'를 통해 북미 최대 배터리 재활용 업체인 '라이-사이클(Li-Cycle)'과 폐배터리 재활용 계약을 맺기도 했다. LG에너지솔루션과 LG화학은 라이-사이클 지분 2.6%를 확보한 상태다. 삼성SDI는 천안과 울산 사업장에서 발생하는 배터리 스크랩 순환체계 구축을 진행하고 있으며 국내 폐배터리 재활용 전문 기업인 성일하이텍의 3대 주주로써 지분 8.79%를 보유하고 있다. SK온의 경우 모회사 SK이노베이션이 2022년 12월 성일하이텍과 합작법인 설립을 위한 양해각서를 체결했다. SK이노베이션은 자체 보유한 수산화리튬 회수기술과 성일하이텍이 보유한 니켈, 코발트, 망간 회수기술을 결합해 오는 2025년 가동을 목표로 하는 첫 상업공장을 국내에 건설한다는 계획이다.

북미 최대 배터리 재활용 기업인 라이-사이클(Li-Cycle)은 많은 해외 기업들과 투자유치 및 협업을 활발히 진행 중이다. 특히, 국내 기업 중에서는 LG화학과 LG에너지솔루션이 라이-사이클에 약 600억 원을 투자하고 북미시장 공략을 계획하고 있다. 거린메이는 세계 최대 규모의 배터리 재활용 업체인 중국 기업이다. 국내에서는 SK온과 에코프로가 거린메이와 협업하여 전라북도 새만금에 전구체 생산 시설 건립을 위한 투자협약을 체결한 바 있다. 포스코그룹도 지난 2021년 중국 화유코발트와 합작사 '포스코HY클린메탈'을 설립하면서 폐배터리 사업에 진출했다. 합작사는 광양에 공장을 짓고 2023년 2월부터 가동을 시작했으며 이곳에서는 연간 1만 2,000톤의 블랙파우더를 처리할 수 있는데, 생산된 금속은 포스코퓨처엠에 전달하여 다시 전구체 제조에 사용한다는 계획이다. 영풍은 2022년 11월 건식 제련 방식을 사용하는 폐배터리 재활용 파일럿 공장을 가동하기 시작했다. 파일럿 공장은 연간 2,000톤(전기차 8,000대 분량)의 폐배터리를 처리할 수 있다. 영풍은 2030년까지 증설을 통해 연간 70만 톤까지 처리시설을 갖출 계획이다. 성일하이텍은 국내 폐배터리 재활용 전문기업으로서 국내 배터리 3사는 물론 현대차 등 완성차 업체들과도 폭넓은 제휴관계를 진행하고 있으며 더불어 해외에서도 폐배터리 회수를 위해 거점을 확대하고 있다. 에코프로는 지난 2020년 설립한 자회사 에코프로씨엔지를 통해 폐배터리 사업을 시작했다. 에코프로씨엔지는 주로 LG에너지솔루션 오창공장 등에서 폐배터리를 납품받고, 이를 재활용해 1만 2,000톤 규모의 광물을 추출하고 있다. 에코프로씨엔지는 지난 2021년 8,000톤 규모의 공장을 준공했고, 2025년

표 2.13 전기차 메이커, 배터리 메이커, 재활용/재사용 기업들 간의 협업 사례

	주요 업체	사업 내용
전기차 메이커	테슬라(미)	• 대형 ESS센터 설립 검토중(테슬라 메가팩) • 폐배터리 재활용 통해 배터리 제조업 내재화 추진
	BYD(중)	• 중국 대표적 전기차, 배터리 제조기업 • 수명이 짧은 전기버스 배터리를 재사용한 ESS 개발추진 및 배터리 재활용 공장 설립
	현대차(한)	• 한수원 및 OCI 등과 업무협약 통해 자동차 폐배터리를 태양광 발전 시스템의 ESS로 재사용 사업 진행 • ESS부품 및 설계 업체인 파워로직스와 청주에서 pilot 진행중
배터리 메이커	CATL(중)	• 세계 최대 전기차 배터리 제조사 • 계열사 광둥 방푸와 후베이 이화그룹이 합작, 중국 후베이성 이창시에 약 5조 9,200억 원 규모의 배터리 재활용 기지 건설 계획
	LG엔솔(한)	• 두산에너빌리티, 호주 인바이로스트림과 협약을 통해 폐배터리 재활용 진행 • 미국 Li-cycle사에 지분투자 & 황산니켈 10년간 공급받기로 계약
	삼성SDI(한)	• 천안 · 울산 사업장에서 발생하는 배터리 스크랩 순환체계 구축 • 성일하이텍 지분 투자(8.79%)
	SK온(한)	• 모회사 SK이노베이션과 성일하이텍 국내 합작법인 설립 계획
배터리 리사이클링 기업	Li-cycle(미)	• 북미 최대 폐배터리 재활용 회사(뉴욕증권거래소 상장) • 국내 배터리 제조사들과 협업관계
	거린메이(중)	• 세계 최대 배터리 재활용 업체 • SK온, 에코프로 등과 전구체 생산 합작 투자
	포스코그룹(한)	• 중국 화유코발트와 합작회사 '포스코HY클린메탈' 설립 • 광양 경제자유구역 율촌산업단지에 폐배터리 블랙파우더 처리 생산라인 착공 계획

	주요 업체	사업 내용
배터리 리사이클링 기업	영풍(한)	• 폐배터리에서 건식제련기술 통해 배터리 핵심광물 90% 이상 회수 기술 확보(' 21.05) • ' 30년까지 연간 최대 70만 톤 수준의 전기차 폐배터리 처리 시설 확보 계획
	성일하이텍(한)	• LG엔솔, 삼성SDI, SK온 등 국내 배터리 3사를 비롯해 현대차 등을 고객사로 둔 폐배터리 재활용 분야 국내 대표기업 • 국내 및 해외 거점 회사를 통해 폐배터리 획득
	에코프로씨엔지(한)	• 에코프로그룹(양극재, 전구체 제조)의 폐배터리 재활용 계열사로 그룹사와 수직 계열 시너지 추구 • 최근 증설을 위해 유상증자 1,000억 원 성공(' 23. 6)

출처: 각종 언론 자료.

까지 추가 증설을 통해 생산량을 2배로 확대할 예정이다.

표 2.13은 상기에 언급된 국내외 주요 전기차 제조사, 배터리 제조사, 폐배터리 활용 기업들의 폐배터리 재활용/재사용 관련 주요 사업 내용이다.

참고문헌

김나래 · 정미주 · 엄이슬. 2023. 「Samjung Insight-배터리 생태계 경쟁 역학
  구도로 보는 미래 배터리 산업」, 삼정KPMG 경제연구원, Vol.84(통권
  제84호).

김현수 · 김두연 · 김규상 · 윤재성 · 한수진. 2022.9.22. 「이차전지」, 하나증권.

김희영. 2022.11. 「전기차 배터리 재활용 산업동향 및 시사점」, 한국무역협회.

박종선. 2022.12.6. 「폐배터리 산업, 2023년 outlook」, 유진투자증권.

엄이슬 · 김나래. 2022.3. 「배터리 순환경제, 전기차 폐배터리 시장의 부상과
  기업의 대응전략」, 삼정KPMG 경제연구원.

이승필 · 조유진 · 여준석. 2023.5.2. 기술동향 「전기차 배터리 핵심광물」,
  KISTEP.

이승필 · 조유진 · 여준석 · 김태영. 2022.12.5. 이슈페이퍼 「전기차 사용후
  배터리 산업 생태계 활성화 방안」, KISTEP 통권 제335호.

이은영 · 오선주 · 최형원. 2022.4. 「순환경제로의 전환과 대응전략」, 삼일
  PWC경영연구원.

임지훈. 2022. 21호, 「배터리 핵심 원자재 공급망 분석: 리튬」, 한국무역협회.

조철희 · 이성원. 2023.6.1. 「폐배터리」, 한국투자증권.

한겨레. 2020.2.26. 전기차 배터리의 질주, 2025년 반도체 뛰어 넘는다.
  https://www.hani.co.kr/arti/economy/marketing/929977.html

IEA. 2021.5. 「The role of critical minerals in clean energy transitions」.

KOTRA, 2023.12.13. 브라질 망간 산업 트렌드-AIF.

POSRI 이슈리포트. 2021.10.13. 「탄소중립, 이차전지도 피해갈 수 없다」.

3장

플라스틱 순환경제

▼▼
▼

- 석유중심 산업발전의 핵심이지만 대체재가 부족한 플라스틱
  - 지난 20년간 세계 플라스틱 생산량과 폐기량은 2배 이상 늘었지만, 재활용률 은 9% 수준 → 비체계적인 폐기물처리로 환경오염 심화
- 플라스틱 재활용의 방법
  - 기계적 재활용: 플라스틱 화학구조 유지. 단순한 물리적 처리공정(분리, 정 제, 혼합)으로 재생 플라스틱으로 제조. 시공에 적합한 절단성과 범용성을 가 지지만 적용대상이 매우 한정적
  - 화학적 재활용: 플라스틱 순환경제의 핵심기술. 정제/해중합/열분해/가스화/ 열처리
- 열분해와 가스화 기술
  - 열분해: 무산소환경에서 고온으로 가열 → 연료(경질유 또는 중질유) 회수
  - 가스화: 폐플라스틱을 가스화하여 저분자합성가스(예: 수소, 메탄, 일산화탄 소 등)로 변화 → 모든 플라스틱에 사용 + 수소생산기술

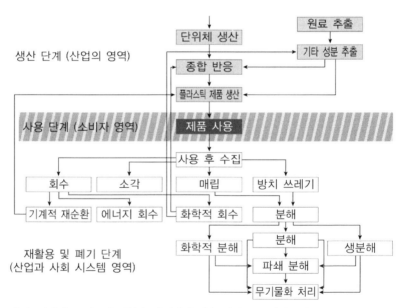

출처: 위정원, 플라스틱 재활용 당위성과 기술 현황, 교보지식포럼 KIF2022.

[플라스틱 순환경제를 위한 재활용 기술공정]

플라스틱 순환경제

3.1 플라스틱 쓰레기 현황

3.1.1 플라스틱의 종류와 생산현황

플라스틱은 그리스어 플라스티코스(Plastikos)에서 유래한 것으로, '조형이 가능한' 또는 '금형으로 가공이 가능한'이라는 의미를 지니고 있다. 원하는 모양으로 가공이 가능한 물질을 뜻하는 것으로 다른 전통적인 소재인 나무, 철, 유리에 비해 가벼우며 가공성이 뛰어나 인류가 만든 어떤 재료보다 일상생활에 널리 사용되고 있다. 20세기 초 미국에서 벨기에 출신의 화학자 리오 베이클랜드가 최초로 개발한 베이크라이트(Bakelite)로 시작된 합성 플라스틱 산업은 제2차 세계대전 이후 빠르게 발전하였다.

전 세계 플라스틱 사용량은 OECD 기준 2019년 4.6억 톤으로 1950년 200만 톤, 1989년 1억 톤, 2002년 2억 톤에서 크게 증가하였다. 특히 의료부문이나 개인위생용 플라스틱 제품, 전자상거래 등의 부문에서 포장재 플라스틱 사용이 늘어나는 추세이다. 세계경제포럼(World Economic Forum)은 별다른 조치가 취해지지 않는다면 전 세계 플라스틱 생산량이 2030~2035년에는 2015년의 두 배, 2050년에는 세 배에 달할 것으로 전망한다. 99% 이상의 화석연료로 만드는 플라스틱은 원료가 되는 석유와 가스의 추출부터 플라스틱 정제와 생산, 소각 및 매립, 심지어 플라스틱 재활용 단계 등 전체 수명주기에서 온실가스가 배출된다. 플라스틱 1톤당 약 5톤의 온실가스가 수명주기에서 배출되는 것으로 추산한다. 미국 환경단체인 비욘드 플라스틱(Beyond Plastic)은 2021년 10월 '기후변화를 주도하는 데 석탄을 제친 플라스틱'이라는 보고서에서 "2030년까지 플라스틱이 석탄화력 발전소보다 기후변화에 더 많은 영향을 미칠 것"이라고 밝혔다.

플라스틱은 원유에서 출발해 정제 과정을 거쳐 가전제품 외장재부터 각종 포장 용기, 건축용 자재, 의류까지 다양하게 제품화된다. 원유의 정제 과정 중 75~150°C에서 생산되는 나프타를 석유화학업체가 가공하면 플라스틱의 원료인 합성수지가 된다. 합성수지는 고분자 소재의 일종으로 분자의 결합구조 및 성형 가능성에 따라 열가소성 플라스틱과 열경화성 플라스틱으로 크게 분류할 수 있다. 열가소성 플라스틱은 선형 혹은 가지형 구조를 하고 있어 결합력이 약하기 때문에 열을 가하면 분자구조가 변하면서 쉽게 변형이 가능한 반면, 열경화성 수지는 고분자 사슬이 교차하면서 그물구조를 이루기 때문에 열을 가해도 변형이 일어나지 않는다. 열가소성 플라스틱은 범용 플라스틱과 엔지니어링 플라스틱(EP, Engineering Plastic)으로 세분화할 수 있다.

엔지니어링 플라스틱이란 금속 및 세라믹 소재를 대체할 수 있는 고성능 플라스틱 소재로 자동차, 전기, 전자 부품 및 기타 공업용 구조재로 사용된다. 강도와 탄성이 우수하며 고온의 조건에서 견디는 플라스틱 제품이다. 동시에 금속 및 세라믹 소재 대비 가벼워 제품의 경량화에 유리하다. 제품의 사용 온도 100°C를 기준으로 그보다 낮은 제품을 범용 플라스틱, 높은 플라스틱 재료를 엔지니어링 플라스틱으로 구분한다.

열가소성 플라스틱 중 범용 플라스틱은 폴리에틸렌(PE, Polyethylene), 폴리에틸렌 테레프탈레이트(PET, Polyethylene Terephthalate), 폴리프로필렌(PP, Polypropylene), 폴리스티렌(PS, Polystyrene), 폴리카보네이트(PC, Polycarbonate), 폴리염화비닐(PVC, Polyvinyl Chloride) 등이 있으며 전 세계에서 생산된 플라스틱의 91%를 차지하고 있다.

열경화성 플라스틱은 한번 굳어지면 다시 가열하였을 때 녹지 않고 타서 가루가 되거나 기체를 발생시키는 성질을 가지고 있다. 대표적인 제품으로는 바닥재나 접착제로 쓰이는 에폭시, 고무탄성이 우수해 합성피혁, 접착제, 자동차 부품 및 건축재로 사용되는 폴리우레탄, 내열성이 우수해 소켓, 플러그 등 전기전자 부품으로 사용되는 페놀 수지(Phenolic Resin) 등이 있다.

폴리에틸렌은 전 세계에서 가장 많이 사용되고 있는 플라스틱이고, 인체에 무해하며 가격이 저렴해 일상 생활용품부터 산업용 제품까지

표 3.1 플라스틱의 구분

구분				종류
열가소성 플라스틱	범용 플라스틱 (Commodity plastics)			PE(LDPE, HDPE), PP, PVC, ABS, PS, PMMA 등
	엔지니어링 플라스틱 (Engineering plastics)	범용 엔지니어링 플라스틱 (General EP)	주요 EP	PC, PA6, PA66, PBT, PET, POM, mPPO
			Alloys/ Blends	PC/ABS, PBT/PC
		슈퍼 엔지니어링 플라스틱 (Super EP)		FR(불소수지), PI, PPO, PSU, PPS, PES, PAR, PEEK, PEI, LCP
열경화성 플라스틱				페놀수지(PF), 우레아수지(UF), 멜라민수지(MF), 알키드 수지, 불포화 폴리에스테르수지(UP), 에폭시수지(EP), 폴리우레탄수지(PUF), 실리콘수지 등

출처: 유원재 등, 바이오플라스틱의 기초 및 최신 동향, 국립산림과학원, 2021.12.

광범위하게 사용된다. 그다음으로는 폴리프로필렌으로 일회용품부터 의료용품까지 다양하게 활용된다. 국내에서 생산되는 폴리에틸렌과 폴리프로필렌 생산량은 전 세계 플라스틱 생산량의 약 68% 정도를 차지한다.

전 세계 2021년 기준 폴리에틸렌 생산량은 약 110백만 톤이다. IHS에 따르면 PE 신규 생산 설비가 2021년 연간 글로벌 760만 톤 (YoY +6.1%) 증가하였으며, 2022년 820만 톤, 2023년 670만 톤의 추가 증설 물량이 예정되어 있다. IHS의 2021~2022년 예상 수요 증가율이 각각 5.4%, 4.0%였다는 점을 감안하면 폴리에틸렌은 이미 생산 과잉으로 보인다. 폴리프로필렌 역시 폴리에틸렌과 마찬가지로 생산 능력 과잉 단계로 알려져 있다.

3.1.2 플라스틱 쓰레기

사용 후 버려진 플라스틱은 수집되어 회수, 소각, 매립 또는 방치된다. 2015년까지 83억 톤의 플라스틱이 생산되었으며, 이 중 단 9%만이 재활용되었다고 한다. 25억 톤의 플라스틱이 현재 사용 중이며, 58억 톤은 사용 후 폐기되었다. 폐기된 플라스틱 가운데 8억 톤은 에너지 원료로 사용되었으며 49억 톤은 매립되었다. 전체 생산량 가운데 6억 톤이 1회 이상 재활용되었다. 재활용 플라스틱 중 1억 톤은 사용 중이며 5억 톤은 최종적으로 소각 또는 매립되었다. 대량으로 발생되는 플라스틱 폐기물은 소각이나 매립에 따른 환경호르몬 누출

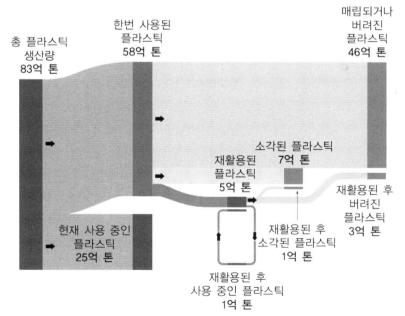

출처: 삼성증권, ESG 시대, 순환경제 – 플라스틱: 뿌린 씨를 거둘 때, 2021.3.

그림 3.1 글로벌 플라스틱의 생산, 소비 및 처리 현황(1950~2015)

과 폐기물의 불완전 연소에 의한 대기오염 발생 등과 같은 심각한 환경오염의 원인으로 대두되고 있다.

OECD에 따르면 연간 발생하는 플라스틱 폐기물은 2019년 기준 약 3.5억 톤으로 이 중 재활용되는 것은 약 9%에 불과하다. 나머지는 소각(Incineration, 19%), 매립(Landfill, 49%)되고 있으며, 22%는 쓰레기장 적치, 육해상 유출(Leakage), 노천소각(Open-pit burning) 등 관리되지 않고 버려지고 있다.

생분해는 유기물질이 미생물에 의해 분해되는 현상이다. 플라스틱은 분자 간의 결합이 튼튼하기 때문에 미생물이 침투할 여지가 없고, 독성 첨가제로 미생물이 생존할 수 없다. 따라서 매립 방식의 폐기는

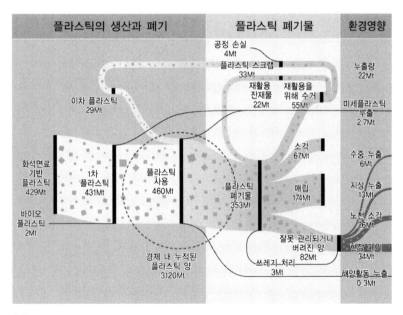

출처: OECD, Global Plastics Outlook: Policy Scenarios to 2060, OECD 2022.

그림 3.2 플라스틱의 라이프사이클(2019년 기준)

임시방편에 불과하며 버려진 플라스틱은 지구 환경에 지속적인 악영향을 미치게 된다. 플라스틱 재활용은 양심적 차원에서 필요한 것이 아니라 지구의 생존을 위해서 필요한 일이다.

우리나라는 국제사회와 비교하여 플라스틱 재활용 비율이 상대적으로 높은 편이다. 환경부 자료에 의하면, 2021년 하루 평균 약 54만 톤의 폐기물(생활, 사업장, 건설, 지정 폐기물)이 발생하고 86.9%가 재활용되며, 5.3%가 매립, 5.0%가 소각됐다. 플라스틱과 폐비닐 등이 다수인 생활폐기물은 하루 평균 6.2만 톤이 발생하며, 이 가운데 56.7%가 재활용되는 것으로 보고되었다. 이처럼 높은 재활용 비율의 맹점은 우리나라 폐플라스틱 사용처에 있다. 우리나라는 폐플라스틱을 소각하여 연료로 사용하는 열적 재활용 등의 에너지 회수까지 재활용으로 인정하고 있기 때문에, 다른 국가에 비해 상대적으로 높은 값을 보이는 것뿐이다.

3.1.3 플라스틱 이슈

플라스틱 생산은 환경 및 인체에 유해한 영향을 미친다. 강화플라스틱 제조업체에서 스티렌 단량체(Styrene Monomer)에 노출된 노동자의 암 발생률 증가사례가 있으며, 염화비닐 단량체(VCM, Vinyl Chloride Monomer) 공장의 노동자들이 VCM 질병이라 불리는 유전독성, 간암, 신경장애에 걸린 사례도 있다. 자동차용 플라스틱 생산공장의 노동자들은 사출성형 과정에서 발생하는 스프레이와 증기에 노출되고 있으며, 이 산업에 종사하고 있는 북미지역의 여성 노동자들 중 비정상적으로 높은 유방암 발병 및 생식기능 장애가 보고되고 있다. 플라스틱 소비와 관련된 인체 유해성 논란은 플라스틱에 첨가제로 사용되는 프탈레이트(Phthalates), 노닐페놀(Nonylphenol), 비스페놀A, 브롬계 난연제 등이 원인이 된 것으로 보인다. 이들 첨가제는 환경호르몬이라고 불리는 내분비계 교란물질 혹은 발암물질(Carcinogenic)로 확정이 되거나 논란 중에 있기 때문이다. 내분비계 교란물질이 유방암, 당뇨병, 대사증후군, 심혈관 및 생식장애와 연관이 있다는 역학 조사 결과가 있고, 산모의 내분비계 시스템에도 영향을 미쳐 태아의 뇌 발달에 이상을 초래할 수 있다. 임신기간 중 특정 프탈레이트에 노출될 경우 아기의 신경활동 장애와 연관이 있다는 연구결과도 있다 (유원재 등, 2021).

플라스틱은 탄소의 중합체로 연소에 필요한 산소가 들어 있지 않기 때문에 완전 연소가 매우 어렵고 환경과 인체에 모두 유해하다. 예를 들어, 플라스틱 종류인 PVC의 경우 염소 성분이 들어 있기 때문에 연소하면서 환경호르몬과 발암 물질을 배출한다. 일반적인 플라스틱은 생분해가 불가능해 썩지 않기 때문에 매립 방식도 문제다. 플라스틱이 썩는 데는 500년이 걸린다고 하지만 플라스틱이 정말로 500년 후에 썩어서 사라지는 것은 아니다. 플라스틱은 미생물이 소화할 수가 없기 때문에 땅에 묻어도 썩지 않는다. 따라서 그저 가장 긴 수명인 500년이라고 추정할 뿐이다. 플라스틱이 상용화된 시점이 1950년대임을 감안해 볼 때 인류가 처음으로 사용한 플라스틱이 여전히 땅속 어딘가에 그대로 묻혀 있음을 의미한다.

폐기물 처리의 가장 보편적인 방법인 매립의 경우 안전한 지반형성을 방해하고 장기간에 걸쳐 플라스틱이 분해되면서 미세플라스틱 및 첨가제 등의 화학물질이 땅속 침출수로 유출되어 지하수로 유입될 수 있는 문제가 있다. 폐플라스틱을 소각할 경우에는 염화수소와 다이옥신 등 유해 연소가스가 대기 중으로 유출될 수 있다.

해양 플라스틱 폐기물 및 미세플라스틱 문제는 심각하다. 초기에는 플라스틱 폐기물이 바다로 유출되어 바다 표면을 떠돌면서 해양생물의 피해를 야기하는 문제가 부각되었으나, 작은 조각으로 쪼개진 미세플라스틱이 생태계 먹이사슬을 따라 생체조직에 광범위하게 축적되고 있고 인체 이상을 일으킬 수 있다는 사실이 알려졌다. 매년 800만 톤 이상의 플라스틱이 바다로 쏟아지고 있다. 이는 1분마다 15톤의 쓰레기를 바다에 쏟아 붓는 것과 같은 양이다.

우리나라 해양의 주요 오염원은 스티로폼으로 만들어진 부표이다. 부표가 해상을 떠다니면서 자외선 노출과 풍화작용으로 2차 미세플라스틱을 형성하는 경우가 빈번히 발생하고 있다. 해양을 비롯하여 환경에 광범위하게 투기된 플라스틱 폐기물은 미세화가 진행되면서 인간이 기술적으로 관리할 수 있는 범위를 넘어섰기 때문에 대응하기 어려운 상황이다.

3.1.4 플라스틱 관련 정책

지난 20년간 전 세계 플라스틱 생산량과 폐기물 배출량은 두 배 이상 늘어난 반면 재활용률은 9%에 불과하고, 플라스틱 생산과정에서의 화석연료 사용과 비체계적 폐기물 처리로 인해 환경문제가 심화되고 있다. 2022년 제5차 유엔환경총회(UNEA, United Nations Environment Assembly)에 참석한 175개국은 국제사회가 직면한 플라스틱 오염 문제를 해결하기 위해 2024년 말까지 플라스틱 전 수명주기를 다루는 구속력 있는 최초의 국제협약을 제정하기로 합의하였다. 플라스틱에 관한 국제협약을 제정함으로써 보다 통합적으로 플라스틱 문제 해결을 위한 국제협력이 이루어질 전망이다.

G7과 G20은 주로 해양 플라스틱 폐기물 문제에 주목하고 있으며, WTO는 플라스틱의 자원순환성을 높이기 위한 무역의 역할을 모색하고 있다. 유럽을 중심으로 국제사회의 탈플라스틱 프로젝트는 가속화되고 있다.

EU는 2022년 11월 '유럽 그린딜'의 한 축인 순환경제실행계획의 하나로 포장과 포장재 폐기물 관리 규제를 강화하고 있다. 이 규정에 따라, 2030년부터 EU 가입국의 식당과 카페 등에서는 일회용 식기 사용이 전면 금지되고 과일과 채소 등 신선식품의 일회용 포장, 호텔에서 제공되는 어메니티도 규제 대상이 된다.

독일에서는 「순환경제법」을 제정하여 일회용 용기를 만드는 제조사를 대상으로 높은 세금을 부과하고 있다. 또한 '보증금제'를 도입하여 '쓰레기를 만들지 않는 것'에서부터 자원 절약을 시작한다. 독일이 실시하는 공병 보증금제도 '판트(Pfand)'는 음료를 판매할 때 플라스틱 페트병에 1병당 300원 정도 보증금을 부과하여 소비자가 적극적으로 재활용에 동참하도록 유도한다. '판트' 제도는 불법 투기를 줄이는 데도 매우 효과적이었다.

일본 또한 지난 2019년 5월 플라스틱 자원순환전략 추진방안을 발표한 바 있다. 'Reduce'를 위해 2020년 4월 비닐봉투를 전면 유료화했으며, 2030년까지 1회용 플라스틱 폐기물 배출량을 25% 감소한다는 목표를 세웠다. 'Reuse Recycle'을 위해 2035년 폐플라스틱 재이용·재활용률을 100% 달성한다는 목표와, 'Renewable'을 위해서는 2030년까지 바이오 플라스틱 이용을 확대한다는 목표를 세웠다.

중국은 세계에서 가장 강력한 플라스틱 제한 정책을 펼치는 국가이다. 중국의 플라스틱 정책은 크게 2008년 실시한 플라스틱 제한령, 2018년 1월 실시한 플라스틱 수입금지, 2020년 1월에 쓰레기 발생 자체를 억제하기 위해 실시한 플라스틱 금지령으로 구분할 수 있다.

2019년 5월 선진국들이 플라스틱 쓰레기를 개발도상국에 수출하는 것을 방지하기 위한 UN 바젤 협약 개정안을 채택함으로써 전 세계가 폐기물 발생지 처리 원칙을 강제로 적용하였다. 또한 2021년부터 국제 조약이 변경되어 오염된 플라스틱 쓰레기를 수출할 때는 상대국의 동의를 얻어야 한다. 표 3.2는 주요 국가들의 플라스틱 생산 및 사용에 대한 규제를 정리한 것이다.

우리나라는 2020년 12월 제120차 국정현안조정점검 회의에서 생활폐기물 탈플라스틱 대책을 확정해 발표했다. 정부는 늘어나는 플라스틱 생활폐기물을 줄이고, 해양 플라스틱과 같은 환경문제를 해결하기 위해 그동안의 1회용 플라스틱 감축 대책에 더하여 생산 단계부터 플라스틱 사용을 줄여나가고, 사용된 생활용 폐플라스틱은 다시 원료로 재사용하거나 석유제품을 뽑아내어 재활용률을 높인다는 방침이다.

표 3.2 주요 국가별 플라스틱 생산 및 사용에 대한 규제

국가	연도	규제내용
EU	2018	• 플라스틱의 설계, 생산, 사용, 재활용 방식을 순환경제로 전환하기 위한 European Strategy for Plastics 채택 • 2030년까지 모든 플라스틱 포장을 재활용 가능하게 전환, 유럽 내 발생한 폐기물의 절반 이상 재활용되도록 노력. 2015년 대비 재활용 처리 용량 4배 증가 계획 • 제품에 사용되는 플라스틱이 더 쉽게 재활용이 가능하도록 법적 필수제품 요구 사항 반영 • 재활용 원료 사용 및 PET병 사용 저감을 위한 수돗물 접근성 제고 • 국가적 차원의 R&D 프로그램 Horizon 2020을 통해 2.5억 유로를 플라스틱 순환경제를 위한 기술 개발에 지원
EU	2019	• 해안에서 자주 발견되는 10가지 일회용품에 대해 2022년부터 시장 출시 금지 • PET 음료병에 대한 재활용 플라스틱 사용률을 2025년 25%, 2030년 30%로 지정 • Circular Plastics Alliance라는 민관 협의체를 발족. 2025년까지 1,000만 톤의 재활용 플라스틱에 대한 시장구축 목표
EU	2020. 3.	• 미세플라스틱 발생 방지와 바이오 기반 플라스틱의 소싱 및 라벨링에 대한 내용, 일회용 플라스틱 제품, 낚시장비에 대한 지침 포함
EU	2020.12.	• 2021년 1월부터 재활용되지 않는 플라스틱 폐기물 발생량에 비례하여 유럽연합 회원국은 새로운 기여금(1kg당 0.8유로) 부과 • 영국도 2022년 4월부터 재생원료가 30% 이하로 포함된 제품을 제조하거나 수입할 경우 1톤당 200파운드의 부과금을 부과
중국	2020. 1.	• '플라스틱 오염 관리 강화제안' 발표. 2026년까지 5개년 폐기물 감축을 위한 로드맵 제시 • 2021년부터 발포플라스틱 음식용기와 플라스틱 면봉 생산 및 판매 금지, 미세플라스틱이 포함된 일상 화학제품은 생산금지 • 2026년부터 분해가 불가능한 비닐봉지와 택배 비닐 포장 금지. 일회용 식기 사용 30% 저감(호텔은 2025년까지 일회용 플라스틱 무료제공 중단 의무)
중국	2020. 9.	• 「고체폐기물환경오염방지법」 개정 발효. 일회용 비닐봉지와 식기도구 금지, 특정 종류 농업용 필름 사용 금지. 위반 시 과태료 이전 대비 10배
중국	2020.11.	• 식당, 전자상거래플랫폼, 배달업체는 일회용 플라스틱 사용을 당국에 보고하고 공식적인 재활용 계획 의무보고

국가	연도	규제내용
미국	2021. 3.	• 바이든 행정부 이후 'The Break Free From Plastic Pollution Act of 2021' 발의 • 플라스틱 생산 감축/재활용률 향상/직접적 영향을 받는 지역사회 보호라는 3가지 목표 제시 • 새로운 플라스틱 생산시설 증설 전에 미국환경보호청(EPA)과 충분한 시간을 가지고 환경 영향을 평가하겠다는 항목 제시(잠정적인 증설 중단 함의) • 2023년부터 재활용할 수 없는 일회용 봉투, 식기 등의 제품을 판매금지. 음료 용기의 재활용 함량을 2025년까지 25%, 2030년까지 50%로 증가

현 구조에서 플라스틱 쓰레기 문제의 해법으로 거론되는 것은 생산·유통 단계부터 규제를 강화하고 생산자들에게도 재활용 책임을 지금보다 더 부과해야 한다는 것이다. 환경부가 업계의 반발에도 2021년까지 유색 페트병을 시장에서 퇴출하겠다는 뜻을 밝힌 것도 같은 맥락이다. 현재 플라스틱 제품 생산자에게 책임을 지우는 것은 재활용 비용을 생산자에게 일부 지우고 이 돈을 민간 재활용 업체에 지원하는 생산자 책임 재활용 제도(EPR, Extended Producer Responsibility)와 용기 반환 시 보증금을 돌려주는 빈 용기 보증금제도 등이 있다.

2023년 1월부로 플라스틱의 재활용에 대한 자원순환제도가 자발적 협약에서 EPR로 전환되면서 기존의 협회나 조합으로 운영되던 관련 단체들이 공제조합을 별도 분리하여 창립해야 한다. 플라스틱 폐기물 회수, 재활용에 대한 자발적 협약은 폐기물부담금 대상이 되는 플라스틱 제품의 제조 및 수입업자(협약의무 이행생산자) 및 협약의무 이행단체가 환경부장관과 '플라스틱 폐기물 회수·재활용 자발적 협약'을 체결하고 이를 이행할 경우 폐기물부담금을 면제하는 제도

표 3.3 우리나라의 플라스틱 규제 및 재활용 정책

연도	규제 및 재활용 정책
2020.12.	• 생활폐기물 탈플라스틱 대책 확정/발표(플라스틱 발생 원천 감량 / 플라스틱 재활용 확대 / 대체 플라스틱 사회로 전환) • 플라스틱 발생 원천 감량을 위해 일정 규모 이상의 용기류 생산업체를 대상으로 플라스틱 용기류의 생산비율을 설정 및 권고(현재 47% → 2025년 38%) • 2022년 6월부터 일회용컵 보증금 제도가 신설되며, 2030년부터 모든 업종에서 재생원료가 일정 함유된 경우를 제외하고 비닐봉지와 쇼핑백 사용 금지 • 플라스틱 재활용 확대를 위해 분리수거장에서 분류 품목을 세분화하고 재생원료 의무 사용제도를 플라스틱에도 신설(2030년에 재생원료 비율 30%까지 단계적 확대) • 열분해 시설을 정부 주도로 2025년까지 공공시설 10기 확충 • 2019년 12월부터 음료·생수병에만 적용되고 있는 투명 페트병 사용 의무화를 다른 페트 사용 제품까지 확대 적용 • 4종의 플라스틱(PET, PE, PP, PS) 수입금지 및 대상 플라스틱 재질을 확대하여 모든 폐플라스틱의 수입을 전면 금지 • 저품질 펠릿원료 수입 조정 • 2025년까지 플라스틱 폐기물을 20% 줄이고, 분리 배출된 폐플라스틱의 재활용 비율을 현재 54%에서 2025년까지 70%로 상향 • 플라스틱 재활용 제품의 수출규모를 현재 300억 원에서 2025년까지 500억 원 규모로 확대 계획 • 플라스틱으로 인한 온실가스 배출량을 2030년까지 30% 줄이고, 2050년까지 산업계와 협력하여 석유계 플라스틱을 점차 100% 바이오 플라스틱으로 전환
2021. 3.	• 환경부는 「자원순환기본법」, 「자원의 절약과 재활용 촉진에 관한 법률(자원재활용법)」 개정 보완 • 복합 및 혼합재질 플라스틱과 색깔 사용 금지 • '포장재 재질, 구조 평가', '재활용환경성 평가'의 결과에 따라 생산자들의 ERP 분담금 차등 부과 • 재활용이 어려운 PVC 등의 소재는 사용 금지
2021.12.	• '한국형(K)-순환경제 이행계획' 발표 • 석유계 혼합 바이오 플라스틱과 순수 바이오 플라스틱으로의 대체 추진 • 플라스틱 제조업체에 대한 재생원료 사용의무 부과, 에코디자인 적용 강화 • 친환경 소비 촉진(화장품 리필매장 활성화, 다회용기 사용 문화 조성) • 폐자원 회수·고품질 재활용 확대 등

이다. 그러나 2023년부터 자발적 협약이 생산자 책임 재활용 제도로 전환되면서 이에 따른 별도의 공제조합을 설립해야 하는 운영방식의 대폭적인 전환으로 관련 협회나 조합은 공제조합을 새롭게 창립하여 운영하게 되었다.

3.2 플라스틱의 재활용 기술

폐플라스틱을 재활용할 경우에는 첨가제 및 다른 재질이 포함되어 플라스틱의 재질분류가 기술적으로 어렵고 비용이 많이 드는 단점이 있어, 이를 고려한 경제적인 폐플라스틱의 재활용 공정을 계획해야 한다. 또한 재활용 플라스틱을 재사용하기 위해서는 특성에 맞는 활용범위 및 용도도 확인하여야 한다.

플라스틱을 재활용하는 방식은 기계적 재활용(Mechanical Recycling)과 화학적 재활용(Chemical Recycling) 및 열적 재활용(Thermal Recycling)으로 구분할 수 있다. 그림 3.3은 플라스틱의 생산부터 재활용, 소각, 분해 등의 플라스틱 제품의 라이프사이클을 보여주고 있다.

현재 전 세계 플라스틱 재활용 방식 중 기계적 재활용의 비율이 가장 높다. 우리나라는 2017년 기준 약 8백만 톤의 플라스틱 폐기물 중에서 22.7%에 해당하는 1.8백만 톤이 기계적 방식으로 재활용되었다. 참고로 유럽 내 플라스틱 재활용 비중이 가장 높은 독일의 경우 기계적 재활용 비율은 약 38%에 해당한다. 화학적 재활용은 화학공정을 통해 폐플라스틱을 분해하여 플라스틱의 원료 또는 고분자 형

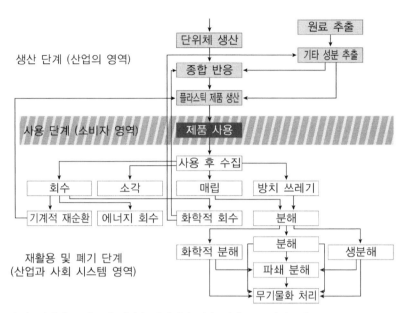

생산 단계 (산업의 영역)

사용 단계 (소비자 영역)

재활용 및 폐기 단계
(산업과 사회 시스템 영역)

출처: 위정원, 플라스틱 재활용 당위성과 기술 현황, 교보지식포럼 KIF2022.

그림 3.3 플라스틱 제품의 라이프사이클

태로 재활용하는 방법으로 다양한 분야에서 지속적으로 사용할 수
있다. 우리나라의 경우 화학적 재활용은 거의 사용되지 않고 있으나
플라스틱의 선순환 구조를 달성하는 핵심 재활용 방식으로 꼽히고
있다. 열적 재활용은 폐플라스틱을 소각하여 발생하는 열에너지를
활용하는 방법으로 시멘트 공정 등에 많이 이용되나 환경오염을 야
기하며 플라스틱의 단순 소각으로 재활용이라 보기 어렵다. 우리나
라는 2017년 기준 플라스틱 폐기물의 38%가 단순 소각 및 매립되
었다.

3.2.1 기계적 재활용

기계적 재활용은 물질재활용(Material Recycling)이라고도 하며 플라스틱의 화학구조를 유지한 상태에서 분리, 정제, 혼합 등의 물리적인 단순 처리 공정을 거쳐 재생 플라스틱으로 제조하는 기술이다.

기계적 재활용을 통해 만들어진 제품은 튼튼하고 가벼워 각종 시공에 적합하며, 목재와 마찬가지로 쉽게 절단할 수 있어 범용성이 높은 것이 장점이다. 비교적 낮은 비용 및 뛰어난 이산화탄소 저감 능력을 보여주지만 적용대상이 한정되며 재활용 제품의 물성 및 품질이 낮다.

기계적 재활용을 위해서는 우선 폐플라스틱 수거, 운반 및 선별작업을 거치게 된다. 수거된 플라스틱은 압축된 형태로 운반된다. 가벼

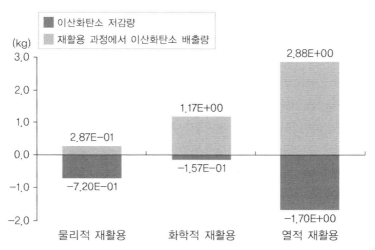

출처: 위정원, 플라스틱 재활용 당위성과 기술 현황, 교보지식포럼 KIF2022.

그림 3.4 재활용 방법별 CO_2 배출량 및 저감량

운 PET는 압축됨으로써 효율적 운반이 가능해지며, 작은 조각이라는 의미의 플레이크(Flake) 제조업체로 이동하게 된다. 플레이크 제조업체에서는 이를 다시 풀어 선별작업을 하게 된다. 선별작업에서는 라벨 제거가 주 목적으로 1차 풍력 선별작업을 통해 약 98%가 제거되며, 파쇄작업 후 2차 비중 선별작업을 통해 나머지 2%의 라벨 제거후 플레이크를 만들게 된다. 좀 더 효율적인 분리 및 선별작업을 위해 바람에 날리는 정도, 정전기에 끌리는 성질, 물을 이용한 비중 분리 방법 등 다양한 기계적 분류 방법을 사용한다. 플레이크 제조 기업에서는 압축 플라스틱을 플레이크로 제조하는 가공원가가 압축 플라스틱의 단가로 잡힌다.

플레이크는 녹이고 압출하는 과정을 거쳐서 펠릿(Pellet)으로 만들어진다. 펠릿은 다른 플라스틱을 만드는 원료가 되기 때문에 그 자체만으로 하나의 제품으로 취급된다. 플레이크와 펠릿의 가격은 유가에 연동하는 경향을 보이며, 펠릿과 PE의 가격 차이 역시 유가에 어느 정도 연동하는 경향이 있다. 유가에 따라 압축 PE와 PE 플레이크 모두 가격이 유가에 따라 변동되지만, 시간이 흐르며 두 제품의 가격 차이는 더욱 커진다. 이 결과는 플레이크 또는 펠릿 제조업체의 수익이 점차 증가함을 뜻한다.

재활용이 가능하다고 표시된 페트병이 모두 재활용이 되지는 않는다. 페트병은 PET로 만든 플라스틱 병으로 산소 차단성과 강도는 높고 무게는 가벼우며 가격은 저렴한 것이 특징이다. 자원순환을 통해서 다시 페트병으로 만들거나 섬유나 부직포 등으로 재활용이 가능하다. 투명 페트병 500ml 10병은 티셔츠 1벌 제작이 가능한 정도의 섬유로 탈바꿈할 수 있다. 그러나 간단한 공정으로 높은 품질의 재활용 원료를 생산하기 위해서는 무색의 페트병이어야 한다. 즉, 플라스틱의 기계적 재활용의 핵심은 양질의 투명 플라스틱을 선별 회수하는 것이 무엇보다도 중요하다. 투병 플라스틱과 유색 플라스틱은 서로 분류가 되어야 하므로 회수과정에서 양질의 투명 플라스틱을 분리해서 회수해야 한다. 투명 플라스틱은 고급의류, 화장품 용기에 사용될 수 있어 수요도 많다.

그러나 2016년 기준 국내 음료·생수 중 유색 페트병 비율은 36.5%에 이른다. PP, PE, PS 등 끓는점이 다른 다양한 재질이 혼합된 플라스틱은 재활용 과정에서 이를 분리하는 데 추가 작업이 필요하다. 맥주의 갈색 페트병 등 색이 들어가 있는 페트병의 경우에는 불순물이 섞여 있어서 재활용이 어렵다. 플라스틱 재질에 색소는 물론, 나일론, 철 등의 불순물이 함유되어 있어 섬유의 원료로 적합하지 않으며 재활용에 더 많은 비용이 들기 때문에 구입하려는 업체도 거의 없다. 유색 페트병이 투명 페트병과 섞이게 되면 투명 페트병의 품질까지 떨어뜨린다. 선별장에서는 용기에 색깔이 있거나 라벨이 붙어 있고 다른 재질로 코팅되어 있으면 보통 일반 쓰레기로 버려진다.

국내의 기계적 재활용을 위한 수거·선별·제품 생산 체계는 민간 의존도가 높으며, 민간 선별장의 대부분은 긴 컨베이어벨트만 설치하고 쓰레기 분류 작업을 전적으로 인력에 의존하는 경우가 많다. 기계적 재활용이 어려운 플라스틱 쓰레기를 철저히 골라내기에 취약한 구조로, 여기서 분류된 재활용 쓰레기가 재활용 업체로 가더라도 일부는 일반 쓰레기로 버려질 수밖에 없다.

이 과정을 들여다보면 전국에 쓰레기 산이 생기고, 쓰레기 불법 수출이 일어나는 원인의 실마리를 찾을 수 있다. 이 문제를 해결하기 위해, 정부에서는 재활용 분담금을 통해 기업이 스스로 재활용하기 쉬운 제품을 만들 수 있도록 유도하고 있다. 대표적인 예로, 칠성사이다를 포함한 음료 제품의 유색 페트병이 투명한 것으로 개선된 것을 들 수 있다.

우리나라 정부는 2020년 전국의 공동주택에서도 투명 페트병을 별도 분리 배출하도록 의무화하였다. 2022년에는 식품용기를 재생원료로 사용될 수 있도록 '식품용기 재생원료 기준'을 변경하였다. 플라스틱 재활용의 최우선 과제를 투명 PET의 재활용으로 가닥을 잡은 모습이다. 점차 국민들도 투명 페트병 분리배출에 익숙해지고 있는 만큼, 양질의 투명 페트병 회수는 쉬워질 것으로 보인다. 2021년 하반기 기준 플레이크에 유입되는 유색 플라스틱의 비중이 10%였으나 2022년에는 6~7%로 감소한다는 예상이 있었던 만큼, 회수된 플라스틱의 질적 성장이 점진적으로 진행될 것으로 예상된다.

기계적 재활용의 단점은 재활용 결과물의 품질이 기존 제품에 비해 떨어지고, 재활용이 가능한 플라스틱 제품의 범위가 좁다는 단점이 있다. 대부분의 전통적 플라스틱에 대해서 기계적 재활용 기술이 존재하나 일상 용품이나 식품용 용기로 활용되는 PET나 HDPE 정도만 기계적으로 재활용되고 있다. 복합 재질의 플라스틱의 경우 저급의 플라스틱 제품이 생산되고, 단일 재질인 경우도 일정 횟수 이상으로 재활용할 경우 품질이 저하된다. 기계적 재활용 방식이 가장 잘 활성화되어 있는 PET 제품도 염색이 들어가거나 이물질이 부착된

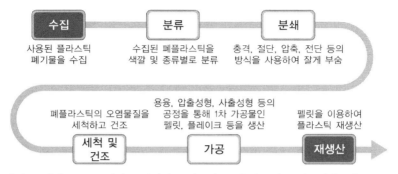

그림 3.5 플라스틱의 기계적 재활용의 과정

경우 재활용이 불가능한 경우가 많다. 폴리우레탄과 같이 열을 가한 뒤 한번 굳어지면 다시 녹지 않는 열경화성 플라스틱에는 적용하기 어려워 기계적 재활용 가능 대상이 한정적이다. PVC는 다른 종류의 플라스틱과 섞여 재활용될 경우 제품의 강도가 현저히 떨어지고, 공정 과정에서 염화수소 같은 유해 화학 물질이 발생해 물리적 재활용이 사실상 불가능하다. 또한 플라스틱 제품 특성상 재활용이 불가능한 경우도 있다.

3.2.2 화학적 재활용

화학적 재활용이란 사용이 끝난 플라스틱의 화학적 구조를 화학반응으로 변화시켜 원료로 재생하는 방법으로, 기계적 재활용의 한계를 해결하기 위한 궁극적인 해결책으로 떠오르고 있다.

화학적 재활용이 필요한 가장 중요한 이유는 산소차단, 인쇄, 뚜껑 열 접착 등 포장에 기능을 부여하기 위하여 2가지 이상 재질이 혼합된 복합재질의 플라스틱 및 오염된 플라스틱을 처리할 수 있다는 것이다. 우리가 많이 볼 수 있는 햇반 용기의 경우 나일론, 에틸렌 비닐 알코올(EVOH, Ethylene Vinyl Alcohol), PP의 3개 층으로 구성되며, 레토르트 포장의 경우도 PET, 알루미늄, PE의 3개 층으로 구성된 복합재질이다. 화학적 재활용은 기계적 재활용 대비 원유에 가까운 품질을 기대할 수 있다. 재활용 횟수에 있어서 이론상 영구적이고 품질 저하가 없고 원유 대체 및 수소 생산이 가능하며 소각, 매립하던 폐플라스틱의 재활용이 가능하다는 장점을 가진다.

물리적 재활용이 플라스틱 본래의 성질을 변형시키지 않고 물리적인 형태만 바꾸는 개념인 반면, 화학적 재활용은 고분자(Polymer) 형태의 플라스틱을 화학적 반응을 통해 최초의 원료 형태인 단량체인 모노머(Monomer)로 완전히 되돌리는 것을 의미한다.

재활용의 개념에는 열린 고리 재활용(Open-loop Recycling)과 닫힌 고리 재활용(Closed-loop Recycling)이 있다. 열린 고리 재활용은 자원의 100% 순환을 가정하지 않는 방식의 재활용이다. 플라스틱 폐기물 중 일부만이 다시 원재료로 변환되고, 플라스틱 제품 품질 저하를 막기 위해서는 신규 플라스틱 원재료가 혼합되어야 한다. 따라서 플라스틱 폐기물 매립과 소각 방식이 수반된다. 반면 닫힌 고리 재활용은 자원의 100% 순환을 의미한다. 새로운 자원을 필요로 하지 않고 기존에 있던 플라스틱을 재활용해 필요한 제품을 생산하는 방식이다. 이론상으로 매립과 소각이 필요하지 않기 때문에 가장 이상적인 플라스틱 재활용 방식이라고 할 수 있다.

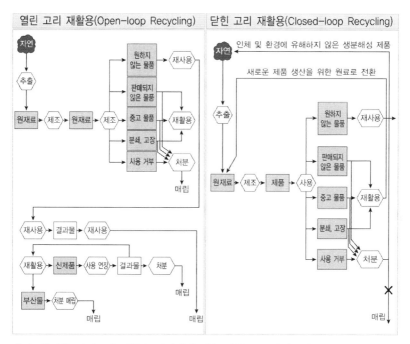

출처: 위정원, 플라스틱 재활용 당위성과 기술 현황, 교보지식포럼 KIF2022.

그림 3.6 열린 고리와 닫힌 고리 재활용

　기계적 재활용과는 달리 화학적 재활용은 쓰레기 종류별로 엄격하게 분리 작업을 할 필요가 없으며, 플라스틱 쓰레기가 조금 오염되었어도 크게 문제가 되지 않는다. 재활용에 들어가는 소비 에너지 측면에서도 화학적 재활용을 위해 열분해 시, 처음 열을 가할 때에만 에너지를 사용하기 때문에 물질 재활용 공정보다 유리하다는 장점이 있다.

　순환경제 관점에서 이상적인 닫힌 고리 재활용이 이루어지려면 화학적 재활용이 필수적이다. 복합 소재 플라스틱, 오염, 염색 등의 이유로 일상생활에서 사용하는 대부분의 플라스틱은 물리적 방식으로 재활용이 불가능하다.

폐플라스틱을 화학적으로 재활용하는 방법은 여러 가지가 있지만 대표적으로 정제(Purification), 해중합(Deploymerization), 열분해(Pyrolysis), 가스화(Gasification) 및 열수처리(Hydrothermal Treatment) 등이 있다.

정제는 플라스틱의 고분자 구조를 건드리지 않은 상태에서 플라스틱을 용제(Solvent)를 이용하여 녹이거나 액화시켜서 첨가제 등의 불순물을 걸러 내거나 복합 재질 중 특정 재질만을 선별하는 작업을 말한다. 원하는 물질만을 녹여서 얻기 위해서는 해당 목적에 맞는 용제를 사용해야 하는 특징을 가지며 원료 물질을 무한 반복하여 순환시킬수 없다. 액상 유독 폐기물이 발생한다는 한계점이 있으나, 다른 기술 대비 에너지 소비량이 적다.

해중합은 모노머화 방식이라고도 하며, 말 그대로 중합을 해제한다는 의미로 폐플라스틱을 화학원료나 모노머로 되돌리는 것이다.

열분해 방식은 폐플라스틱을 무산소 상태에서 고온으로 가열하여 분자를 절단함으로써 경질유, 중질유 등의 연료유를 얻게 되는데, 연속식 공정(Continuous Process)과 회분식 공정(Batch Process)으로 나눌수 있다. 가스화는 폐플라스틱을 가스화하여 화학제품의 원료가 되는 수소와 일산화탄소를 주성분으로 하는 가스를 제조하는 방법이다. 열분해 방식과 가스화는 국내외 기업들이 상당한 관심을 가지고 있는 분야로 향후 처리량 증가가 예상된다.

열수처리법은 물이 액체 상태를 겨우 유지할 수 있을 정도의 160~240°C의 고열과 이에 상응하는 압력을 이용하여 열수처리를 위한 조건을 조성하고, 활발한 이온 상태에서 바이오 유기물이 들어오면 분자고리를 절단시켜 저분자화된 분말형상의 물질을 생성하는 기술이다. 거시적으로 균일 성상으로 만들어지는 이 분말은 원래의 물성을 유지하여 원료 물질로 재활용 가능하다고 한다. 모든 반응은 밀폐반응조 내 고체상의 반응으로 배출가스 및 악취 발생이 없어 탄소 저감형 친환경 기술로서 개발단계로 볼 수 있다.

제철소에서는 철광석과 코크스 그리고 부재료를 용광로에 넣고 철광석을 녹여 쇳물을 생산한다. 코크스는 용광로를 뜨겁게 하는 연료로도 사용되지만, 철광석을 제련할 때 환원제로 쓰이기도 한다. 플라스틱은 주로 석유로 만들어지기 때문에 탄소와 수소가 주성분이어서 화학적 재활용을 통해 원료로 만들면 제철소의 고로에서 철광석의 환원용 코크스 또는 미분탄의 일부 대체물질로 사용 가능하며, 전처리한 폐플라스틱을 석탄의 일부 대체물로 코크스로에 투입시킨 후 열분해하여 타르, 경유, 코크스 등 가스 형태로 회수할 수도 있다.

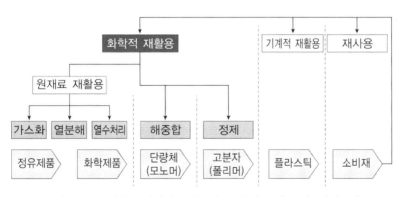

출처: 조현렬 등, "ESG시대, 순환경제–플라스틱: 뿌린 씨를 거둘 때", 삼성증권, 2021.3.

그림 3.7 플라스틱의 화학적 재활용의 산출품에 따른 분류

순환경제라는 플라스틱 재활용의 지향점을 위해서는 화학적 재활용이 바람직하나, 현재 기술력으로는 화학적 재활용 적용 시의 이산화탄소 발생량 추가 저감 및 경제성 차원에서 좀 더 시간이 필요하다. 국내 플라스틱 재활용 역시 현재 대부분이 기계적 재활용 방법인 실정이다. 환경부 통계자료에 따르면 2019년 기준 국내 생활폐기물 중 플라스틱 배출량은 하루 1.1만 톤/일(종량제 배출 폐합성수지 7.43천 톤/일, 분리배출 폐합성수지 3.58천 톤/일)이다. 이 중 국내에서 화학적, 생물학적 방식의 폐합성수지 재활용 사례는 없다. 기계적 재활용의 일일 처리량은 약 0.117만 톤으로 전체 생활폐기물 플라스틱 배출량의 10%에 해당한다. 화학적 재활용은 당장 소기의 성과를 거두기는 어렵지만, 플라스틱 재활용 시장에서 분명한 지향점이다. 버려지는 플라스틱의 약 70%는 오염, 소재혼합, 염색 등의 이유로 물리적 방식을 통해 재활용이 불가능하기 때문이다.

3.2.2.1 해중합

해중합(De-polymerization) 반응을 통한 화학적 재활용은 CRM(Chemical Recycling to Monomer)이라고 하는데 플라스틱 고분자를 만드는 중합 과정을 역행하는 기술로 액상의 반응조에 플라스틱 폐기물을 넣어 단량체 또는 올리고머로 전환하는 방식이다. 기계적 재활용이 폐플라스틱을 녹여 다시 성형하는 것이라면 CRM은 플라스틱을 그 원재료인 단위체로 바꾸는 과정을 의미한다. 이렇게 되면 원유에서 생산한 신규 플라스틱 원재료와 동일하기 때문에 물리적 재활용의 한계점인 품질 저하가 없다. 또한 복합소재 플라스틱이나 오염, 염색 등 물리적 방식으로 재활용이 불가능했던 소재들에 적용이 가능하기 때문에 가장 이상적인 방식이라 볼 수 있다.

그러나 CRM은 경제성 측면에서 상용화까지 시간이 더 필요하다. 석유에서 원재료를 생산하는 방식에 비해서 비용이 훨씬 많이 들기 때문이다. 폐플라스틱의 대부분을 차지하는 PE/PP/PVC 같은 첨가 중합체(Addition Polymer)를 해중합할 경우, 많은 에너지를 투입해야 하는 흡열반응이 발생하기 때문에 온실가스 배출량이 상당해 적용하기 어렵고 정제를 적용하는 것이 일반적이다. 참고로 PE 1kg의 탄소 분자 사이의 결합을 끊어 원재료인 에틸렌으로 전환시키려면 800°C까지 온도를 올려야 한다. 기존에 에틸렌을 투입해 HDPE를 생산하는 공정이 약 100°C에서 이루어지는 것을 감안하면 훨씬 더 많은 에너지가 소요되는 셈이다. 따라서 CRM이 상용화되기 위해서는 에너지 효율을 획기적으로 높이면서 가격이 저렴한 촉매 개발이 선행되어야 한다.

3.2.2.2 열분해

열분해(Pyrolysis)는 현재 가장 상용화되어 있는 화학적 재활용 방식으로, 고분자와 같이 분자량이 높은 물질을 환원성 분위기에서 열을 가함으로써 분자량이 낮은 물질로 분해시켜 회수하는 공정이다. 열분해는 산소가 없는 상태에서 높은 온도로 열을 가하면 물질이 분해하기 시작하는 현상을 의미한다. 열분해 기술은 폐플라스틱을 산소가 없는 반응기에 넣고 반응기 밖에서 열을 가하여 분해하는 기술로, 열분해를 통한 유화 기술은 반응 온도와 시간, 반응 용기, 기기

운전 방식, 촉매의 사용 여부 등의 조건에 따라 달라진다.

일반적으로 반응 온도 350~450℃의 액화 공정을 통해 재생 연료유를 얻을 수 있다. 투입된 폐플라스틱은 기체화를 통해 오일 가스, 카본 블랙, 비응축 가스로 변환되고 오일 가스는 순환 수냉 시스템을 통해 응축되어 열분해유가 된다. 기체, 액체로 분해되지 않은 물질은 고체로 남는다. 해중합 기술로 처리할 수 없었던 PE, PP를 포함한 플라스틱뿐만 아니라, 고무, 타이어, 합성수지와 같은 고분자 폐기물 또한 열분해 과정을 통해 연료유로 생산하는 것이 가능하며, 열분해 처리시간과 처리온도를 조절하여 분해되는 원료를 중질제품에서 경질제품까지 변화시킬 수 있다.

재생 연료유는 주로 무거운 탄화수소들로 저급 디젤유나 보일러 연료로만 사용이 가능하다. 단순 소각 처리에 비해 이산화탄소배출량을 25%까지 낮출 수 있어서 온실가스 감축효과가 있으며, 매립이나 소각 처리 비용을 절감하고 연료유로 생산하여 판매함으로써 새로운 이익을 창출할 수 있다는 장점이 있다. 환경 민원이 심각하게 발생되는 생활 폐플라스틱을 친환경적이고 에너지원을 확보할 수 있는 경제적인 처리 방법 중에 하나로 적극적으로 고려할 필요가 있을 것이다.

세계적으로 미국, 캐나다, 독일, 스코틀랜드, 인도 등에서 폐플라스틱 열분해 시설이 가동 중이다. 미국에서만 5개 공장에서 연간 약 천4백만 배럴의 재생 연료유를 생산하고 있으며, 건설 중인 6개 공장이 완공되면 연간 3천7백만 배럴의 연료유가 추가적으로 생산될 예정이다. 북미 시장을 중심으로 산업용 디젤 엔진 및 산업용 보일러 산업이 성장함에 따라 재생 연료유 수요가 계속해서 증가하고 있다.

열분해 기술을 통해 얻은 100톤의 재생 연료유는 약 80톤의 석유 수입 대체 효과를 얻을 수 있으며, 생산된 연료유는 산업용 냉·난방 시설, 발전기의 연료, 디젤 기관 등에 직접 사용이 가능하다. 하지만 폐플라스틱을 활용하기는 하지만 궁극적인 지향점이 자원순환이라는 점을 생각해 볼 때 연료로 사용되는 것으로는 부족하다. 국내를 비롯한 해외 주요 화학 기업들은 폐플라스틱을 통해 생산한 재생 연료유를 플라스틱 원재료까지 정제하는 단계를 연구개발 중이다. 국내 열분해 연료유의 발열량은 3,500kcal/kg 이상이고 가격은 2022년 4월 리터당 600원으로 난방유인 등유(벙커C)의 리터당 1,191원 대비 50% 수준으로 가격 경쟁력을 가지고 있으며 국내 시장규모도 2021년 기준 연 약 1.5조 원 규모로 추산하고 있다.

현재까지는 규모의 경제 및 투입 에너지 비용 등을 감안할 때 연료유의 경제성은 불분명하나 정부 차원의 규제 혜택과 기술 개발로 향후 시장 성장이 예상된다. 정부는 2021년 6월 열분해 재생 연료유 생산 기술을 적용한 처리 규모를 2019년 기준 폐플라스틱 발생량 연간 873만 톤(서울 인구 1인당 폐플라스틱 1톤/년 배출)의 0.1%(약 1.1만 톤/년)에서 2025년 3.6%(약 31만 톤/년), 2030년까지 10%(약 90만 톤/년)로 획기적으로 높여 폐플라스틱을 소각, 매립하는 것이 아닌 열분해와 가스화를 통한 폐플라스틱의 재활용으로 순환경제를 선도하겠다고 하였다. 소비 활성화를 위해 열분해 재생유 사용 시 탄소 배출권으로 인정하고, 생산자책임재활용 분담금을 감면해주는 내용도 포함되어 있다. 또한 폐플라스틱 열분해 기술은 국내 기업들의 연구개발

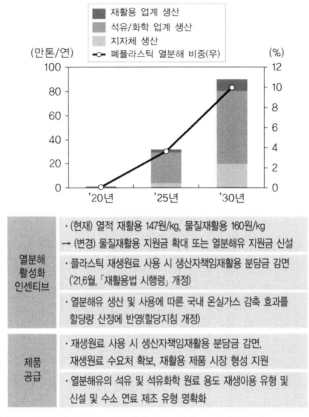

열분해 활성화 인센티브	· (현재) 열적 재활용 147원/kg, 물질재활용 160원/kg → (변경) 물질재활용 지원금 확대 또는 열분해유 지원금 신설 · 플라스틱 재생원료 사용 시 생산자책임재활용 분담금 감면 ('21.6월, 「재활용법 시행령」 개정) · 열분해유 생산 및 사용에 따른 국내 온실가스 감축 효과를 할당량 산정에 반영(할당지침 개정)
제품 공급	· 재생원료 사용 시 생산자책임재활용 분담금 감면, 재생원료 수요처 확보, 재활용 제품 시장 형성 지원 · 열분해유의 석유 및 석유화학 원료 용도 재생이용 유형 및 신설 및 수소 연료 제조 유형 명확화

출처: 위정원, 플라스틱 재활용 당위성과 기술 현황, 교보지식포럼 KIF2022.

그림 3.8 국내 열분해/가스 생산 목표 및 활성화 방안

과 함께 기존 재생 연료용 수요 외에도 석유화학 원료 및 수소 제조로 범위를 확대하고 있다.

열분해 재생 연료유는 2021년 현재 소규모 10여 개 재활용 업체에서 대부분 처리하고 있지만, 환경부는 앞으로 2030년까지 연간 10만톤까지 처리량을 증가할 계획이다. 특히 관련 환경 민원이 심각하게 발생되는 지자체와 플라스틱 관련 제품을 생산하는 SK, GS 등의 대

기업 등 관련 석유화학 계열 기업에서 2030년까지 각각 연간 20만 톤과 60만 톤의 획기적인 처리량 증가를 계획하고 있다.

구체적으로 보면 2025년까지 연간 폐플라스틱 4만 톤을 처리할 수 있는 관련 시설 10개소를 지자체에 시범 설치할 예정이다. 2030년까지 전체 기초 지자체(226개)의 20% 이상에 열분해 설비를 설치해 운영할 계획이다. 또한 국내 석유화학 업체에 2025년까지 연간 25만 톤 처리 규모와 2030년까지 연간 60만 톤 처리의 열분해 시설을 설치할 계획도 있다. 열분해 기술이 있는 폐기물 중간처리업체에 2025년까지 연간 3만 톤 처리 규모의 열분해 시설 설치 예정으로, 전체적으로 2030년까지 80개 이상 열분해 플랜트를 설치할 계획을 가지고 있다.

국내 업체들의 열분해 기술은 주로 배치식 공정으로 단순한 공정으로 되어 있다. 설비를 운영하는 데 수작업 비율이 높아서 작업 강도가 고되며, 기본적으로 1일 1회 운전하는 방식이다보니 처리량도 한계가 있다. 배치식 운전 방식은 저급원료를 처리하는 데는 유리한 반면에 하루에 1회 운전을 위한 가열과 냉각을 반복함에 따라 에너지가 많이 소요되고 설비에 악영향을 준다. 상대적으로 생성물의 질은 낮게 되고, 폐기되는 잔사물 양도 많아 좀 더 환경 설비를 잘 갖춰야 하는 문제점을 가지고 있다. 경제성 확보를 위해 대용량 처리와 장기간 안정적 운전을 위해 기업체에서 사업화하고 있는 고도 기술인 연속식 공정기술 개발이 시급한 실정이다. 우리나라 문경에 소재한 리보테크사는 2020~2021년 주5일 열분해 공정 연속운전 테스트를 완료하고, 2년간 상업운전을 달성한 바 있다. 이 회사는 하루 10톤의 폐플라스틱을 열분해하여 40%인 약 4톤의 열분해유를 생산하고 있으며 추가로 하루 1.5톤의 수소가스를 생산계획 중으로 알려져 있다. 저급원료를 열분해하면 상대적으로 저급 연료유가 생산되며, 선별된 원료를 대상으로 열분해하면 좀 더 양질의 열분해유가 많이 생산되므로, 선별한 원료에 고도화된 정제기술을 적용해 처리하면 석유화학 공정의 원료 또는 소재로 충분히 활용할 수 있게 되어 경제적인 파급력이 커지게 될 것으로 본다(이경환, 2022).

3.2.2.3 가스화

가스화(Gasification)는 열분해 기술과 유사하나 소량의 산소를 폐플라스틱이 있는 반응기에 주입 후 고온의 촉매 및 수증기와 혼합하면 폐플라스틱이 열분해 가스화되어 수소, 메탄 등의 저분자 합성가스로 분해되고, 합성가스는 고효율로 정제된 후 청정가스로서 분류되는 기술이다. 가스화 기술은 모든 플라스틱에 적용할 수 있다는 것이 장점이며, 향후 수소경제 도래 시 폐플라스틱을 활용한 수소 생산 방식으로 활용될 가능성이 높다는 점에서 의미가 있다. 단, 다른 기술들과는 달리 규모의 경제가 중요하여 대규모 설비로 구축되어야 한다.

폐플라스틱으로 만든 합성가스를 원료로 메탄올, 암모니아 등 새로운 화학제품, 연료 및 비료 등으로 재생산될 수 있으며, 합성가스 중 일산화탄소를 수증기와 개질 반응시켜 수소를 추출하여 수소차 충전이나 연료전지 발전에 활용할 수 있다.

플라스틱에서 수소를 생산하는 사업은 수소경제사회를 대비하여 활발히 진행중이다. 폐플라스틱도 처리하고 이산화탄소도 줄이면서 수소도 생산해내는 시설이기에 활용도가 좋으며, 수소 생산이 용이

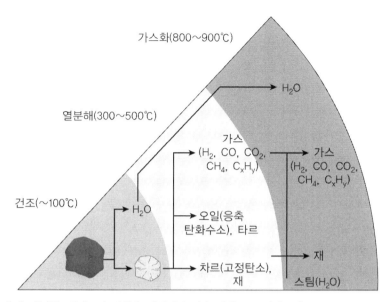

가스화(800~900℃)

열분해(300~500℃)

건조(~100℃)

H_2O

가스
(H_2, CO, CO_2,
CH_4, C_xH_y)

가스
(H_2, CO, CO_2,
CH_4, C_xH_y)

H_2O

오일(응축
탄화수소), 타르

재

차르(고정탄소),
재

스팀(H_2O)

출처: 위정원, 플라스틱 재활용 당위성과 기술 현황, 교보지식포럼 KIF2022.

그림 3.9 폐플라스틱 가스화 기술

해지면 수소차 충전과 수소 연료전지발전 사업들도 용이해질 것이다.

일본 석유화학 기업인 쇼와덴코가 2018년 폐플라스틱에서 생산한 수소를 도쿄 REI호텔에 공급함으로써 최초의 실증사업에 성공했다. 이 호텔은 공급받은 수소로 연료전지를 작동시켜 생산된 전기와 열을 활용한다. 국내에서는 10여 개 업체가 열분해 시설을 연료화하기 위한 수소화 사업을 추진 중이다. 지역난방공사는 에코크레이션이라는 기업과 기술개발을 통해 열분해 청정유 생산 기술을 확보했고 자체적으로 유류 개질기를 제작해 열분해 청정유에서 수소 생산까지 완성했다. 향후 수소화 사업 추진 시 수소생산 과정에서 발생하는 이산화탄소는 이산화탄소 포집, 저장, 활용기술(CCUS, Carbon Capture, Utilization and Storage)을 통해 처리할 예정이다.

한국에너지기술연구원은 폐플라스틱 열분해유를 가스화해 합성가스를 생산하는 공정개발에 성공하였다. 활용처가 제한적이었던 폐플라스틱 열분해유를 활용해 수소, 일산화탄소 등 고부가 화학원료로 재탄생시키는 기술을 국산화에 성공하고 2022년 8월 한화건설에 기술이전 체결식을 진행하였으며, 두산중공업, SK에코플랜트 등이 폐플라스틱 수소화 사업에 나서 기술 개발과 실증 사업을 추진 중이다.

2023년 3월 3일, 한국동서발전과 현대엔지니어링은 '재활용 플라스틱 자원화 수소생산 및 수소 활용 연계사업 업무협약'을 체결하였다. 협약에 따라 현대엔지니어링은 충남 당진에서 재활용 플라스틱 자원화 사업을 통해 수소를 생산하고, 동서발전은 생산된 수소로 연료전지 발전 사업에 착수할 예정으로, 2026년 상업생산을 목표로 연간 13만 3,000톤의 재활용 플라스틱을 원료로 2만 4,000톤의 수소를 생산할 계획이다. 현대엔지니어링에서 추진하는 수소생산기술은 폐플라스틱을 열분해시킨 후 가스화기에 투입해 일산화탄소와 수소의 혼합물인 합성가스를 생산하고, 촉매반응을 통해 최종적으로 99.999%의 고순도 수소 제품생산이 가능한 기술이다. 특히 현재 현대제철 인천공장에서 실증 테스트 중인 이산화탄소 자원화 기술을 적용해 폐플라스틱 자원화 플랜트에서 발생하는 대부분의 이산화탄소를 저감할 수 있다고 설명하고 있다.

3.2.3 열적 재활용

플라스틱의 열적 재활용은 플라스틱 폐기물을 발전 시설, 시멘트 공정, 제지시설, 보일러 등에서 대체 연료로 활용하는 것을 의미한다.

폐플라스틱 발생분 중 단일성상의 재활용과는 달리 재료원으로써의 균일성이 떨어지고 타 재질로 인한 오염이 심한 폐플라스틱 등 기계적, 화학적 재활용이 어려운 경우에는 소각 절차를 통하여 에너지로 재생하게 된다. 열적 재활용의 종류는 직접소각, 건류소각 및 고체 성형 연료(SRF, Solid Refuse Fuel) 세 가지로 구분된다. 열적 재활용은 소각으로 인한 유해 배출물 발생에 대한 기술적인 보완이 여전히 필요하다.

직접 소각은 일반적인 도시 생활폐기물 소각과 마찬가지로 플라스틱을 직접 태우는 것을 의미한다. 그러나 플라스틱은 용융점(Melting Point)이 낮고, 소각 시 일반폐기물에 비해 더 많은 공기량을 필요로 하기 때문에 특수한 형태의 소각로가 필요하고 이로 인해 경제성이 낮다. 건류소각은 플라스틱을 소각할 때 발생하는 가스를 열원으로 다시 연소에 이용하는 방식을 의미한다. 열적 재활용에서 가장 많이 사용되는 방법은 SRF 방식이다. 폐플라스틱은 발열량이 높기 때문에 고체 연료를 만들기에 적합하다. 플라스틱을 활용한 고체 성형 원료는 제철소, 시멘트 공장, 발전소 등에 주로 활용되고 있다. 2017년 기준 국내 플라스틱 폐기물 7,961천 톤 중에서 고형 연료를 활용해 에너지로 회수되는 양은 약 3,126천 톤(39.3%)으로 나타났다.

플라스틱의 열적 재활용을 가장 많이 이용하는 곳은 시멘트 공정이다. 시멘트 업계에서는 폐플라스틱을 이용하면 소각이나 매립 등으로 발생하는 비용을 줄일 수 있으면서도 온실가스 감축 효과를 기대할 수 있다고 한다. 유연탄 대신 폐타이어나 플라스틱 등을 활용할 경우 시멘트 생산 공정에 사용되는 화석연료인 유연탄을 대체해서 원가절감이 가능하며 산업 필수재인 시멘트를 생산하면서 폐기물 처리과정에서 따로 발생하는 탄소배출량도 줄일 수 있다고 하지만, 소각 시 발생되는 유해물질의 처리방법에 대해서는 외면하고 있다. 우리나라는 1997년 처음으로 시멘트 공정에 플라스틱의 열적 재활용이 도입된 후 점차 확대되고 있다. 2023년 기준 연간 400만 톤 정도의 가연성 폐기물을 소각로에서 처리할 수 있으며, 100% 대체하게 되면 연간 800만 톤을 처리할 수 있다.

2020년 기준 국내에 연간 약 960만 톤에 달하는 폐플라스틱이 배출됐다. 이는 2010년 488만 톤 대비 10년 만에 약 2배 이상 증가한 수치다. 960만 톤 중 열적 재활용으로 에너지 회수된 양이 410만 톤(42.7%)으로 추정된다. 2026년부터 수도권, 2030년부터 전국에서 생활폐기물 직매립이 금지되면 폐플라스틱을 포함한 생활폐기물을 처리하기 위해 시멘트 산업의 역할이 더욱 커질 수 있다. 폐플라스틱의 기계적, 화학적 재활용이 많지 않은 상황에서는 소각장 부족 시 열적 재활용을 찾을 수밖에 없기 때문이다.

열적 재활용은 플라스틱 폐기물을 다시 활용하기는 하지만 결국 단순히 태우는 것에 불과하며 환경오염을 야기하는 경우가 많다. 따라서 엄격하게 볼 때 재활용이라고 보기는 어렵고, EU에서도 에너지 재활용은 플라스틱 재활용의 범주 안에 포함시키지 않고 있으며 폐플라스틱 가격을 인상시켜 폐플라스틱의 물리적, 화학적 재활용을 어렵게 만들 수 있다.

3.3. 바이오 플라스틱

바이오 플라스틱은 플라스틱 폐기물 이슈의 한 해결 방안으로 시작되었으나, 그 개발의 시작은 1980년대 후반부터 등장하기 시작했다. 미국의 발명가 존 웨슬리 하야트 주니어(John Wesley Hyatt Jr.)가 1869년 기존의 상아(ivory) 대신 셀룰로오스 기반 코팅 방식을 당구공 생산에 사용하는 특허기술을 개발하고자 하는 데서 시작된 것으로 알려져 있다.

플라스틱 문제를 해결하고 플라스틱 산업과 환경의 공존을 위해 인체에 무해하고 재활용이 용이하면서 가격경쟁력과 기존의 이점들을 유지하는 플라스틱의 대체소재 개발이 필요하다. 바이오 플라스틱은 원료가 되는 바이오매스로 시작하여 제품 생산 그리고 마지막 생분해까지 탄소중립을 달성할 수 있는 제품수명주기(Product Life Cycle)를 가지기 때문에 지구환경 문제와 플라스틱에 의한 사회적 이슈의 해결책으로 떠오르고 있다. 실제로 일부 일회용품이나 산업용 제품에 국한되던 바이오 플라스틱의 범주가 전자제품, 생활용품, 섬유제품 등으로 넓어지면서 급격한 산업화가 시작되고 있다. 따라서 기존 범용 화학제품 구조를 탈피하고 제품의 고부가가치화를 위한 근본적인 대안으로서 바이오매스를 원료로 하는 다양한 유기화학 핵심소재인 바이오 플라스틱의 기술 경쟁력 확보가 필수불가결한 사항이다.

유럽 바이오 플라스틱 협회에 따르면 전 세계 바이오 플라스틱 생산량은 2010년 70만 톤, 2019년 195만 톤, 2021년 223만 톤이며, 2025년에는 약 287만 톤으로 증가할 것으로 예상된다. 바이오 플라스틱 생산량은 화석연료를 원료로 하는 플라스틱 생산량의 약 0.5% 수준이다. 2022년 현재 바이오 플라스틱의 45%가 아시아 국가에서 생산되고 있으며 유럽 국가들이 25%의 시장 점유율로 바이오 플라스틱 생산의 두 번째 중심지이다. 반면 북미와 남미의 세계 바이오 플라스틱 시장 점유율은 각각 18%, 12%로 나타났다.

미국, 유럽연합 등은 정부의 대규모 R&D 지원을 통해 바이오 플라스틱 제품의 상용화를 목표로 노력 중이다. 플라스틱 생산 및 사용에 관한 각종 규제와 더불어 대체 소재 개발을 위해 바이오 플라스틱 관련 R&D 지원이 활발하게 이루어지고 있다. 유럽연합은 EU Horizon 2020 산하에 민관이 합작으로 투자하여 바이오 기반 산업 연합(Bio-based Industries Joint Undertaking)을 설치하였다. 총 사업비 37억 유로 규모(EU 10억, 민간 27억 유로)의 프로젝트를 추진하여 가치사슬 전반에 걸친 전주기적 지원방안을 마련한다는 방침이다. 미국은 2030년까지 석유 소비량 30%를 바이오 화학제품으로 대체하는 것을 목표로 농무성의 'Biopreferred 프로그램'에서 바이오 기반 제품을 우선 구매, 라벨링을 통해 소비자 인식제고 및 구매 촉진을 유도하고 있다. 이에 바이오 기반 제품 개발 R&D는 더욱 활성화될 예정이다. 일본은 생분해성 플라스틱 개발을 위한 로드맵을 마련하고 해양 생분해 플라스틱 소재 및 용도 개발 중장기 기술계발 계획을 추진하고 있다. 중국은 '바이오산업발전전략', '2015년 바이오 관련 산업발전계획' 등을 통해 화이트 바이오 R&D 지원, 바이오 제품 인증시스템 도입, 탄소제 도입 등을 추진하고 있다.

우리나라는 2008~2009년 석유 가격 폭등으로 바이오 플라스틱 연구개발 및 상업화 노력이 활발하게 이루어졌으나 석유가격이 하락하자 투자가 부족한 현실이다. CJ, 롯데케미칼, SKC 등 바이오 플라스틱 개발에 착수했던 대기업은 원료수급 및 경제성 문제로 관련 사업을 철수하였다. 그러나 플라스틱 폐기물에 의한 환경오염 및 온실가스 증가 등 다양한 환경문제가 이슈화되면서 이를 해결하기 위한 방안으로 바이오 플라스틱에 대한 투자 동력이 살아나고 있다. SK는 고강도 생분해성 바이오 플라스틱 양산기술 확보에 투자하고 조만간 상업적 생산을 목표로 연구를 진행 중이다. LG화학은 합성수지와 동등한 물성의 생분해성 신소재 개발에 성공하여 2022년에 시제품을 생산하고 2025년에는 본격적으로 양산에 들어간다는 방침이다. CJ 제일제당은 2016년 미국의 메타볼릭스의 핵심 기술자산을 인수하여 100% 해양 생분해 플라스틱인 PHA 생산을 추진하고 있다. 환경부는 플라스틱 대책을 통해 2025년까지 플라스틱 폐기물을 20% 줄이고, 분리 배출된 폐플라스틱의 재활용 비율을 현재 54%에서 2025년까지 70%로 상향 조정할 계획이며, 중장기적으로는 석유계 플라스틱을 줄여 플라스틱으로 인한 온실가스 배출량을 2030년까지 30% 줄이고, 2050년까지는 산업계와 협력하여 석유계 플라스틱을 점차 바이오 플라스틱으로 전환할 예정이다.

3.3.1 바이오 플라스틱의 개념

바이오 플라스틱은 지속가능 발전에 기여할 수 있는 친환경 소재이다. 개념적 정의가 다소 포괄적인 이유는 바이오 플라스틱은 하나의 특정 물질이 아니라 여러 특성을 가진 다양한 물질의 혼합체이기 때문이며, 이로 인해 특정 기준에 따라 바이오 플라스틱의 종류를 나눌 수 있다. 바이오 플라스틱은 원료에 따라서 두 가지로 나눌 수 있다. 원료에 따라 생분해 여부를 알 수 있는데, 원료가 화석연료인지 바이오매스인지에 따라 구분된다. 바이오매스(Biomass)는 대기, 물, 토양, 태양 등 자연조건에서 광합성을 통해 형성된 유기물을 의미하며, 일반적으로 대기중의 이산화탄소가 광합성에 의해 형성되는 사탕수수, 옥수수, 임산물 등 식물자원, 미생물 대사산물, 클로렐라(chlorella), 스피룰리나(spirulina) 등 미생물 및 해조류가 포함된다. 지구상에서 1년간 생산되는 바이오매스는 석유의 전체 매장량과 비슷한 수준으로, 적정하게 이용하면 고갈될 염려가 없어 무한자원으로 분류되기도 한다.

화석연료 대신 바이오매스를 사용하게 될 경우 CO_2 배출량이 크게 감소하는 장점이 있다. 생분해 여부는 플라스틱이 박테리아, 균류 및 다른 생물에 의해 화합물이 무기물로 분해될 수 있는지 여부를 의미한다. 기존 플라스틱은 분해가 어려운 성질(Non-biodegradable)을 가지고 있으며, 생분해가 가능한(Biodegradable) 플라스틱은 폐기 후 분해되기에 현재 플라스틱이 가진 문제를 해결할 수 있다.

플라스틱을 분류하는 2가지 기준하에서 바이오 플라스틱은 바이오매스를 원료로 사용하거나, 생분해가 가능한 플라스틱을 포괄한다. 바이오매스 플라스틱 중 난분해 특성을 가진 바이오 플라스틱은 Bio-PE, Bio-PP, Bio-PET 등이 있으며, 옥수수나 사탕수수 등이 원료로 사용된다. 나프타 및 에탄을 이용하여 만들어진 제품 대비 물성은 떨어지나, 제조과정에서의 탄소배출량이 약 70% 감소하는 장

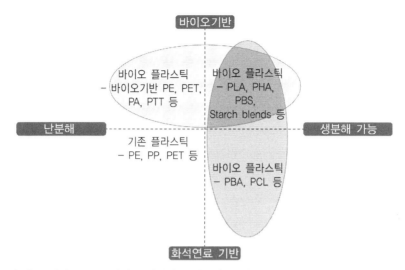

출처: 조현렬 등, "ESG시대, 순환경제-플라스틱: 뿌린 씨를 거둘 때", 삼성증권, 2021.3.

그림 3.10 생분해 여부와 원재료 유래에 따른 바이오 플라스틱의 분류

점이 있다. 바이오매스 플라스틱 중 생분해 특성을 가진 플라스틱은 PLA, PHA, Starch blends(전분) 등이 있으며, 사용되는 원료는 옥수수나 미생물 등이 있다. 바이오매스 플라스틱이 가지는 탄소저감 효과뿐만 아니라 분해가 가능해지기에 폐기물 문제도 해결할 수 있다. 추가로 화석연료를 사용하면서도 생분해가 가능한 바이오 플라스틱이 있는데, PBS 및 PBAT 등이 있다. 나프타와 같은 화석연료를 사용할 수 있기에 원재료 가격 측면에서 바이오매스 대비 저렴한 장점을 유지할 수 있으면서도, 분해가 가능하기에 전통적인 플라스틱의 대안으로 꼽히지만, 탄소배출량 측면에선 바이오매스 플라스틱 대비 열위에 있다.

표 3.4 바이오 플라스틱의 세 가지 종류

	바이오매스/난분해	바이오매스/생분해	화석연료/생분해
원재료	옥수수, 사탕수수	옥수수, 미생물	석유화학
바이오매스 비중	20~25% 이상	50~70% 이상	-
대표 제품	Bio-PE, Bio-PP, Bio-PET	PLA, PHA, Starch blends	PBS, PBAT
장점	탄소배출량 저감	탄소배출량 저감 및 폐기물 문제 해결 가능	비교적 저렴한 원료 가격 및 폐기물 문제 해결 가능
단점	폐기물 문제 상존	비싼 제품가격	탄소배출량 저감 미미
생분해 기간	-	3~6개월	3~6개월

출처: 조현렬 등, "ESG시대, 순환경제-플라스틱: 뿌린 씨를 거둘 때", 삼성증권, 2021.3.

3.3.2 난분해 플라스틱(바이오 기반 플라스틱)

바이오 플라스틱 중 난분해 플라스틱은 바이오 기반 플라스틱이라고도 불리는데, 이 제품도 화학적 결합의 방법에 따라 크게 결합형 및 중합형으로 나뉜다. 결합형은 사탕수수, 왕겨, 소맥피 등의 식물체를 갈아서 분말 형태 그대로 다른 고분자와 화학적 결합을 시키는 것을 의미하며, 중합형은 식물체를 단량체까지 분해한 후, 중합하는 것이다. 이를 통해 분자량이 커진 중합형 플라스틱은 결합형보다 물성이 훨씬 좋지만, 가격이 비싸다는 단점이 있다.

바이오 기반 생산능력 기준의 플라스틱 시장은 2020년 88만 톤에서 2025년 107만 톤(연평균 3.9%)까지 성장할 것으로 전망한다. 제품별 점유율을 살펴보면, 2020년 기준 Bio-PA(28%), Bio-PE(25%),

Bio-PTT(22%), Bio-PET(19%), Bio-PP(3%) 순으로 나타난다.

Bio-PA(Polyamide)는 나일론이라고도 불리는 Polyamide(PA)를 만드는 데 있어 바이오매스 원료를 첨가한 제품이며, 통상 피마자유(Castor Oil)를 사용한다. 이는 자동차 부품 및 건축자재로 많이 사용되고 있다. Bio-PE는 사탕수수를 기반으로 만들어진 폴리에틸렌이며 일반적으로 포장재로 사용된다. Bio-PTT(Poly Trimethylene Terephthalate)는 옥수수를 기반으로 제조된 PTT로, 신축성 특성을 이용하여 카페트 및 신축성 의류(청바지 등)에 적용되고 있다. Bio-PET(Polyethylene Terephthalate)는 사탕수수를 기반으로 한 Bio-MEG와 PTA의 합성을 통해 만든 제품이며, 기존에 음료용기로 사용되어왔던 PET를 대체하거나 혼합되어 사용되고 있다. 글로벌 음식료 업체들이 이미 상용화하여 사용하고 있는 식물로 만든 병(Plant Bottle)이 여기에 해당한다.

Bio-PP도 Bio-PE와 마찬가지로 사탕수수를 통해 생산하는 폴리프로필렌이며, 사출 성형(Injection Molding)에 유리하여 포장재와 일반 소비재에 사용된다. 여타 제품 대비 기술적 장벽이 높아서 아직까지 시장규모는 미미한 편이다.

바이오 기반 플라스틱의 향후 5년간 연평균 3.9%의 성장세를 주도적으로 이끌 제품은 Bio-PE와 Bio-PP가 될 전망이며, Bio-PET의 시장 규모는 다소 축소될 가능성이 있다. Bio-PE의 경우, 2020년에도 바이오 기반 플라스틱 내 25% 점유율을 차지한 제품이며, 2025년 30%까지 점유율 상승이 기대된다. 2020~2025년 연평균 성장률은 7.5%로 예상된다. 특히 유럽과 남미 지역에서 추가적인 증설이 계획되어 있으며, 동 기간 수요 성장의 대부분이 기존에 수요가 집중되어 있던 유연포장(Flexible Packaging) 및 외부로부터 힘을 받아도 변형되지 않는 강성포장(Rigid Packaging)에서 발생할 것으로 기대된다. Bio-PE 시장은 사탕수수 최대 생산 국가인 브라질의 화학업체인 Braskem이 주도하고 있으며, 현재 20만 톤의 생산능력을 보유하고 있다.

Bio-PP의 경우, 2020년 바이오 기반 플라스틱 내 3% 점유율에 불과했으나, 2025년 12%까지 점유율을 늘리며 가장 빠른 성장세가 예상된다. 그동안 Bio-PP 시장이 극히 작았던 이유는 물성 구현에 기술적 어려움이 있어 2019년에서야 상업화 설비가 설립되었다. PP는 PE와 함께 인류가 가장 다양하게 사용하는 플라스틱 중 하나이기에, 유연포장, 강성포장 및 일반 소비재를 위주로 수요 성장세가 나타날 것으로 전망한다.

한편 Bio-PET 시장 규모는 축소될 가능성이 있는데, 바이오 기반 플라스틱 내 점유율이 2020년 19%에서 2025년 11%까지 감소할 것으로 추정된다. Bio-PET는 2020년 기준 강성포장 부문에서 약 81% 정도 소비되고 있으며, 대표적으로 2010년 코카콜라가 출시한 친환경 페트병인 '플랜트 보틀(Plant Bottle)'이 있다. 플랜트 보틀은 기존 PET 수지의 30%를 식물성 원료인 사탕수수로 만들었다. 한편 코카콜라는 2020년 5월, 1년 만에 생분해되는 100% 식물성 원료 기반의 PET병 도입을 밝힌 바 있다. 즉, 바이오 기반 플라스틱을 바이오 플라스틱 중 생분해 플라스틱으로 대체하겠다는 의미이다. 2021년 이후 강화된 일회용 플라스틱 사용 규제로 인해 음식료와 같이 사용기한이 짧은 강성포장재는 기존에 Bio-PET가 주도해 왔던 시장에서 생분해 플라스틱으로 이전될 것으로 판단된다. 바로 이러한 이유로

Bio-PET의 시장점유율은 감소 가능성이 높을 것으로 예상한다.

3.3.3 생분해 플라스틱(화석연료/생분해 & 바이오매스/생분해)

바이오 플라스틱 중 생분해 플라스틱은 특정 환경에 노출되면 미생물에 의해 일반 플라스틱보다 훨씬 빠른 속도로 이산화탄소, 물 및 바이오매스로 최종 분해되는 것이 특징이다. 일반 플라스틱이 자연에 의해 분해되는 데 약 500년의 시간이 소요되는 반면, 생분해 플라스틱은 1년이 채 되지 않는 짧은 기간 내 분해될 수 있다는 점에서 플라스틱 폐기물 문제를 해결할 핵심 중 하나로 꼽힌다.

생분해 플라스틱도 원료의 유래에 따라 화석연료 계열과 바이오매스 계열로 나뉜다. 화석연료 계열로는 폴리부틸렌 석시네이트(PBS, Polybutylene Succinate)와 폴리부틸렌 아디페이트 테레프탈레이트(PBAT, Polybutylene Adipate Terephthalate)가 있으며, 바이오매스 계열로는 젖산(Starch blends) 또는 폴리락틱에시드(PLA, Polylactic Acid) 및 폴리하이드록시 알카노에이트(PHA, Polyhydroxy Alkanoates)가 있다. 생분해 플라스틱의 종류는 20가지가 넘게 있지만, 현재 상업화 단계에 진입한 것은 바이오매스 계열의 PLA, PHA, Starch blends와 화석연료 계열의 PBS, PBAT 등이 있다.

생분해 플라스틱 시장은 생산능력 기준으로 2020년 123만 톤에서 2025년 180만 톤까지 성장할 것으로 전망한다. 제품별 점유율을 살펴보면, 2020년 기준 Starch blends(32%), PLA(32%), PBAT(23%), PBS(7%), PHA(3%) 순으로 나타난다. 하지만 2025년에는 PLA(31%), BAT(22%), Starch blends(22%), PHA(18%), PBS(5%) 순으로 점유율

이 바뀔 전망이다. 즉, 생분해 플라스틱 시장의 성장세에서도 PLA, PBAT 및 PHA가 점유율을 유지하거나 추가 확대하는 한편, Starch blends의 점유율이 하락할 것으로 추정한다.

표 3.5 생분해 플라스틱 제품별 비교

		Starch blends	PLA	PBAT	PBS	PHA
생산 능력 (천 톤)	2020	395	395	285	87	36
	2025E	396	560	396	86	330
	연평균 성장률	+0.1%	+7.2%	+6.8%	-0.1%	+55.9%
원재료		감자/옥수수	옥수수/사탕수수	Adipic Acid, 1,4-BDO, DMT	Succinic Acid, 1,4-BDO	미생물
가격 (유로/kg)		0.2~4	2	4	4	4~12
주요 수요처		포장재(49%) 소비재(29%) 농업/원예 (10%)	포장재(50%) 소비재(10%) 직물(10%)	포장재(65%) 농업/원예 (25%) 코팅/접착제 (10%)	포장재(40%) 농업/원예 (29%) 소비재(10%)	포장재(47%) 소비재(20%) 농업/원예 (20%)
장점		저렴한 가격	넓은 활용범위	화석연료 사용가능	화석연료 사용가능	용이한 분해조건
단점		약한 물성	느린 분해속도	낮은 가격 경쟁력	낮은 가격 경쟁력	매우 낮은 가격경쟁력

출처: 조현렬 등, "ESG시대, 순환경제−플라스틱: 뿌린 씨를 거둘 때", 삼성증권, 2021.3.

향후 5년간 시장점유율이 확대될 제품과 축소될 제품의 차이는 경제성 또는 생분해 조건에 달려 있다. PLA의 경우 kg당 생산단가가 2유로 정도로 kg당 4유로 정도인 여타 제품 대비 이미 경제성 측면에서 우수한 수준으로 향후에도 시장 확대가 기대된다. PBAT의 경우, 기존에 석유화학업체들이 화석연료를 이용하여 생분해 플라스틱을 만들 수 있다는 점에서 많은 업체들이 연구개발을 진행하며 경제성을 개선시키고 있다. 반면, Starch blends는 약한 물성에도 불구하고 낮은 생산단가를 무기로 많은 제품들과 혼합되어 사용되어 왔으나, 향후 다른 제품들의 경제성 개선으로 인해 시장에서 매력도가 감소할 가능성이 크다. PHA는 극히 낮은 원가경쟁력으로 인해 상업화 수준이 가장 낮지만, 생분해 조건이 여타 제품 대비 가장 우수하다는 점에서 수요 급증이 예상된다. 왜냐하면 현재 바이오 플라스틱에 대한 수요는 플라스틱 폐기물 문제에 대한 대응차원에서 증가하고 있기 때문에, 뛰어난 생분해성이 부족한 경제성을 상쇄시킬 것으로 전망한다.

3.4 재활용 플라스틱 사업현황

폐플라스틱 재활용 시장은 해마다 급격하게 성장하고 있다. 시장조사기관인 리서치앤마켓은 2022년 451억 달러(약 54조 원)에서 연간 7.5%씩 성장해 오는 2026년에는 650억 달러(약 78조 원)에 달할 것으로 내다봤으며, 석유화학업계에서는 2050년 폐플라스틱 재활용 시장 규모가 연 600조 원에 달할 것으로 보고 있다.

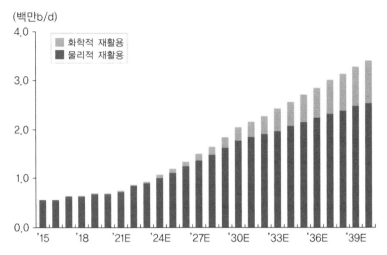

그림 3.11 폐플라스틱 재활용 시장 전망

3.4.1 국내 기업들의 재활용 플라스틱 사업현황

화학적 재활용은 석유화학 기업들이 주목하고 있는 분야이다. 재활용기술 개발이 어렵고 상용화하기까지 많은 비용이 필요하지만 여러 번의 재활용에도 처음의 물성을 그대로 유지할 수 있다는 장점이 있으며, 열적 재활용 대비 환경보호 측면에서 훨씬 우수하기 때문에 플라스틱 재활용 시장에서 화학적 재활용의 점유율이 점차 확대될 전망이다. 삼성증권 ESG연구소는 2020년 90만 톤에 그친 전 세계 화학적 재활용 제품 생산 규모가 오는 2030년 410만 톤으로 4배 이상 성장할 것으로 예상했다. 같은 기간 전체 플라스틱 재활용 시장의 점유율도 6.6%에서 20.6%로 커질 것으로 전망했다.

SK지오센트릭은 2025년까지 5조 원을 투자해 폐플라스틱에서 기름을 뽑아내는 도시유전 사업을 본격화한다. 이를 위해 브라이트마크와 퓨어사이클 테크놀로지 등과 협력관계를 구축하고 열분해, 해중합, 폴리프로필렌(PP) 추출 등 3대 화학적 재활용 기술을 확보했다.

국내 PET 1위 생산 기업인 롯데케미칼은 직접 화학적 재활용 기술을 개발하고 양산체계를 갖추기 위한 계획을 세우고 있다. 2030년까지 생분해 플라스틱 시설 등 1조원 투자 계획을 집행할 계획이며, 2024년까지 울산공장에 1,000억 원을 투자해 11만 톤 규모의 화학적 재활용 PET 공장을 신설한다. 이곳에서는 기계적으로 재활용하지 못했던 유색 또는 저품질 폐PET병까지 원료로 쓸 수 있을 것으로 기대된다. 또한 34만 톤 규모의 울산 PET 공장을 전량 화학적 재활용 PET로 전환한다.

LG생활건강은 현대케미칼, 롯데케미칼과 함께 2022년 10월 '친환경 플라스틱 사업 추진을 위한 전략적 협력 양해각서'를 체결하고 열분해유 플라스틱을 제품에 적용하는 친환경 패키징 사업에 착수하였다.

LG화학은 2023년 3월 30일 충남 당진시 석문국가산업단지에 플라스틱 순환경제 구축을 위한 국내 최초 초임계 열분해 공장 착공식을 하였다. 2024년까지 총 3,100억 원을 투자해 석문국가산업단지 내 축구장 32개 크기의 면적 약 24만m² 부지(약 7만2,000평)에 초임계 열분해 공장을 건설해 친환경 미래 사업을 육성한다는 계획이다. 초임계 열분해는 온도와 압력이 물의 임계점을 넘어선 수증기 상태의 특수 열원으로 플라스틱을 분해하는 것이 특징으로 탄소 덩어리나 그을림 발생이 적어 보수 과정 없이 운전이 가능하다. 열분해유 사용량은 2030년까지 330만 톤 규모로 연평균 19% 이상 성장할 것으로 전망된다.

정부도 규제에 막혀 재활용 사업 투자 집행에 어려움을 겪고 있는 기업 프로젝트에 활로를 열어 1조 6,000억 원 민간투자를 창출한다는 계획을 발표해 관련 업계들의 투자가 가속화될 것으로 전망된다. 2022년 7월 28일 정부 서울청사에서 경제 규제혁신 TF 회의를 열고 이런 내용의 규제혁신 방안을 발표했으며, 2022년 6월 말부터 14차례 실무협의를 진행하며 즉시 개선할 수 있는 규제를 추려 총 50건의 과제를 확정했다. 그 결과로 LG화학과 롯데케미칼 등 대기업 3곳이 1조 6,000억 원의 투자에 나설 수 있게 된 것이다.

현대엔지니어링은 2021년 폐플라스틱을 원료로 고순도 청정수소를 생산하는 기술 실증 테스트를 마치고 2022년부터 수소생산 플랜트 건설을 시작해 2024년 본격적인 상업 생산에 돌입한다. 두산중공업 역시 폐플라스틱과 폐비닐을 활용한 수소 생산 기술 개발에 나섰으며 하루 3톤 이상의 수소를 생산할 수 있는 기술을 상용화할 방침이다.

한화솔루션은 폐플라스틱으로 제조한 열분해유로 나프타를 생산하는 기술 개발에 나서고, 해양 미세플라스틱 오염 문제를 해결하기 위해 해수 조건에서 분해가 잘 되는 플라스틱을 연구하고 있다. 또한 자회사인 한화컴파운드를 통해 폐어망을 재활용한 폴리아미드(PA) 소재를 삼성전자 갤럭시 시리즈용으로 공급하기도 했다.

코오롱인더스트리는 2021년 4월 SK 종합화학과 전략적 파트너십을 체결하고 같은 해 12월 토양 미생물에 의해 썩는 생분해 플라스틱 제품인 PBAT를 출시하였다. PBAT는 자연에서 산소, 열, 빛과 효소 반응에 의해 빠르게 분해되는 친환경 플라스틱 제품으로 매립 시 6

개월 이내 자연 분해되는 높은 친환경성을 가졌다.

석유화학업계뿐만 아니라 정유업계도 폐플라스틱 재활용 사업에 뛰어들고 있다. 현대오일뱅크는 2021년 11월 업계 최초로 폐플라스틱 열분해유를 도입하고 국제 친환경 제품 인증을 받았다.

표 3.6 국내 주요기업들의 플라스틱 재활용 기술 개발 및 적용 현황

기업	기술개발현황
SK 지오센트릭	• 해중합 기술을 보유한 캐나다 루프 인더스트리에 지분(10%) 투자. 2030년까지 아시아 4개 국가에 연간 40만 톤을 처리할 수 있는 해중합 방식의 재생 PET 설비 건설 계획 • 2025년까지 영국 플라스틱에너지와 울산에 6.6만 톤 열분해 공장 건립하고 자체기술로 연 10만 톤 열분해유 후처리 공장도 조성계획 • 루프 인더스트리사와 함께 2025년까지 연간 8.4만 톤 규모의 PET 해중합 설비 구축 계획 • PE/PP/PS 등의 폴리올레핀은 열분해 방식을 도입. 미국 브라이트 마크사와 협력해 2024년까지 연간 10만 톤 규모의 열분해 생산설비를 구축 예정 • 폐플라스틱 재활용 규모를 2025년까지 90만 톤에서 2027년 250만 톤까지 확대 계획
SK케미칼	• 해중합 기술과 생산 설비를 보유한 중국 수예(Shuye) 지분(10%, 230억) 투자를 통해 화학적 재활용된 원료(2만 톤/연)를 구매할 수 있는 권한 확보 • 2021년 3분기부터 구매한 재생원료를 활용해 폴리에스터 원단을 생산할 계획. 국내에서 폐PET를 화학적으로 재활용하는 첫 사례가 될 것으로 예상 • 2021년 10월 세계 최초로 화학적 재활용으로 만든 플라스틱 소재인 '코폴리에스터'를 상업 생산해 화장품 업체에 납품 개시 • 2022년부터 화학적 재활용 PET인 '스카이펫 CR'을 제주 삼다수에 공급 개시
휴비스	• 2021년 4월부터 연간 2천 톤 규모의 물리적 재활용 방식을 사용한 원사 '에코에버' 가동 돌입 • 2021년 3분기부터 국내 최초로 화학적 재활용 방식 섬유 '에코에버 CR' 출시 계획. SK케미칼은 화학적 재활용을 통한 원료를 제공. 휴비스는 섬유 생산

기업	기술개발현황
SKC	• 열분해 기술을 보유한 일본 벤처기업 칸쿄에네르기(Kankyo Energy)와 상업화 추진 중 • 2023년에 울산 내 1,000억 원 규모의 양산 공장 건설 계획
롯데케미칼	• 2024년까지 울산공장에 1,000억 원을 투자해 11만 톤 규모의 화학적 재활용 PET 공장 신설, 2030년까지 34만 톤 규모의 울산 PET 공장을 전량 화학적 재활용 PET로 전환. 기계적으로 재활용하지 못했던 유색 또는 저품질 폐PET병까지 원료로 쓸 수 있을 것으로 기대 • 자체 해중합 기술이 없으므로 외부 업체 라이선스를 활용하여 공장 건설 • 2030년까지 생분해 플라스틱 시설 등 1조원 투자 계획을 집행 계획
LG화학	• 쿠팡과 플라스틱 재활용, 자원 선순환 생태계 구축을 위한 MOU 체결 • 쿠팡이 버리는 3,000톤가량의 스트레치 필름(물류 포장용 비닐)을 공급받고 이를 재활용해 쿠팡에 재공급할 계획 • 폴리카보네이트(PC), ABS를 원료로 물리적 재활용 사업을 선도적으로 해오고 있었으며, 화학적 재활용 기술을 자체 개발 진행 중 • 원천 기술을 보유한 영국 무라테크놀로지와 협업해 충남 당진에 연산 2만 톤 규모의 초임계 열분해공장 건설(2023년 1분기에 착공, 2024년 완공계획)
현대 엔지니어링	• 2021년 폐플라스틱을 원료로 고순도 청정수소를 생산하는 기술 실증 테스트를 마치고 2022년부터 수소생산 플랜트 건설을 시작해 2024년 본격적인 상업생산에 돌입
한화 솔루션	• 산업통상자원부 주관 '폐플라스틱 열분해유 기반 나프타 생성기술' 사업의 주관 기업으로 선정 • 폐플라스틱을 고온에서 분해한 열분해유에서 불순물을 제거하고 분자 구조를 변화시켜 납사를 생성하는 기술(PTC, Plastic to Chemicals) 개발 목표 • 열분해 기반의 화학적 재활용 기술을 2024년까지 개발해 내재화한다는 방침
효성	• 2022년 초까지 울산 지역 내 해중합 설비를 갖추고 부산·전남 지역에서 수거한 폐어망을 모아 연간 1,800톤 상당의 재활용 나일론 섬유를 생산 계획 • PET를 에틸렌글라이콜(EG)로 해중합하고, 후공정을 통해 재생 폴리에스터 수지(리젠) 상업 생산 성공(2008년). 고기능성 의류 제품으로 적용하기에는 추가적인 개발이 필요함
코오롱 인더스트리	• 2021년 4월, 친환경 생분해성 플라스틱 제품 사업화를 위해 SK종합화학과 전략적 파트너십 체결 - 2021년 12월 토양 미생물에 의해 썩는 생분해 플라스틱 제품 출시

출처: 교보증권(2021) 등 산업정보.

GS칼텍스는 2021년 말 폐플라스틱 열분해유를 석유정제공정에 투입하는 실증사업을 시작하여 폐플라스틱 열분해유 50톤을 여수공장 고도화시설에 투입하였다. GS칼텍스는 향후 실증사업 결과를 활용해 2024년까지 1,130억 원을 투자해 연간 5만 톤 규모의 폐플라스틱 열분해유를 가동할 예정이며, 추가로 100만 톤 규모까지 확장을 목표로 하고 있다. 폐플라스틱이 폴리프로필렌 등 플라스틱 제품으로 재생산되는 물질 재활용률을 높이면서 사업화 가능성을 확인했다는 설명이다. 또한 실증사업 결과를 기반으로 사업화를 추진해 자원순환 및 온실가스 감축 의무 이행을 위한 핵심 수단 중 하나로 활용할 계획이다. GS칼텍스는 폐플라스틱을 활용해 원료를 만드는 단계부터 제품을 생산하는 과정까지 하나의 생태계를 구축한다는 계획이다.

3.4.2 해외 기업들의 재활용 플라스틱 사업현황

세계 1위의 글로벌 화학기업인 바스프는 열분해유를 확보하기 위해 2022년 9월 독일 슈투트가르트 인근에 위치한 플라스틱 재활용기업 아쿠스 그린사이클링과 연간 10만 톤의 폐플라스틱 열분해유 구매계약을 맺었다. 바스프는 아쿠스로부터 받은 열분해유로 루트비히스하펜 공장에서 쓰던 석유를 대체할 예정이다.

미국 글로벌 화학기업인 다우는 앞으로 식품 포장재 등을 생산할 때 쓰이는 패키징 제품을 100% 재사용 가능토록 만들고 제품 생산 시 일정 비율 이상은 폐플라스틱을 사용하기로 했다. 최근 폐플라스틱이 심각한 환경문제로 떠오르면서 EU가 플라스틱 규제를 본격화하자, 시장 우위를 놓지 않겠다는 전략으로 풀이된다.

표 3.7 해외 기업들의 재활용 기술개발 현황

기업	내용
Lyondell Basel	• Suez와 합작으로 네덜란드 재활용 기업 QCP(Quality Circular Polymer)에 투자 • r-PP, r-HDPE 3.5만 톤/연 규모의 생산능력 보유. 2021년 5만 톤까지 생산능력 확대 목표 • 독일 KIT와 공동으로 열분해 재활용 기술에 공동투자 • 2020년 파일럿 규모의 플랜트 설립(5~10kg/h 규모의 가정용 플라스틱 처리) → 상업용 규모까지 확대 예정
Plastics Energy	• 영국의 열분해 화학적 재활용 기업으로 현재 스페인에서 2개의 상업용 공장 운용 • 2025년까지 토탈(프랑스), SABIC(네덜란드) 소유 부지에 열분해 설비 10개 설립 예정 • 한국 SK지오센트릭과 2025년까지 울산에 6.6만 톤 열분해 공장 건립 예정

BASF	• 폐플라스틱 및 타이어를 열분해하여 2025년까지 25만 톤의 재생유 생산프로젝트 실시(Chem-cycling 프로젝트)
	• 프로젝트를 위한 플라스틱 재활용 관련 업체와 파트너십 구축
	  1) 2020년 New Energy는 폐타이어 열분해 오일(4천 톤/연)을 BASF에 공급하는 계약 체결
	  2) 2020년 Pyrum(폐타이어 열분해 전문업체)에 1,600만 유로 투자 → 열분해 오일 10만 톤 생산 목표
	  3) 2019년 Quantafuel(혼합 폐플라스틱 열분해 및 정화업체)에 2,200만 유로 투자
	• 플라스틱 Cracking & 수소화 촉매를 개발하고 있으며, 노르웨이의 Quantafuel과 협력하여 공정 불순물 제거 기술 연구개발 중
	• 자회사 트라이나믹스(trinamiX)를 통해 폐플라스틱 분류를 위한 근적외 분광학 기반 솔루션 확보
	• 2022년 4월, 자동차, 포장재 및 소비재 산업 응용 분야에 사용될 최첨단 재활용 제형 개발을 위해 중국의 리프 테크놀로지와 전략적 협력 계약을 체결, 재활용 플라스틱의 품질을 개선해주는 새로운 첨가제 솔루션 이가 사이클 공급
	• 2022년 9월, 독일 슈투트가르트 인근에 위치한 플라스틱 재활용 기업인 아쿠스그린사이클링과 연간 10만 톤의 폐플라스틱 열분해유 구매 계약, 루트비히스하펜 공장에서 쓰던 석유를 대체 예정

DOW	• 재생에너지 기반 PE 생산, 재생 플라스틱 제조에 대한 연구 지속 중 • 2020년 6월, 2035년까지 패키징 제품 전체를 재활용 혹은 재사용 가능하도록 만든다는 방침(EU에서 시행되는 플라스틱 규제 대응 방안) 및 2030년까지 플라스틱 쓰레기를 근절하고, 이를 위해 100만 톤의 플라스틱을 수거해 재사용하거나 재활용할 계획 발표
Chevron Phillip	• 2030년까지 화학적 재활용 기술을 사용한 재활용 폴리에틸렌 생산 계획
Shell	• 2025년까지 전 세계 모든 공장에서 매년 100만 톤의 재활용 플라스틱을 공급원료로 사용 • 열분해 화학적 재활용 기업 Nexus Fuels와 재활용 플라스틱을 제조

출처: 교보증권(2021) 등 산업정보.

3.5 플라스틱 재활용 전망

플라스틱 사용량은 해마다 증가하고 있으며, 플라스틱 관련 이슈 및 폐플라스틱의 환경오염에 대한 경각심이 날로 커지고 있다. 플라스틱 사용량을 줄이기 어렵다면, 재활용을 통한 자원순환이 이루어져야 한다. 그러나 현실적으로 플라스틱 재활용이 미진한 이유는 재활용 비용보다 신규 생산 비용이 더 저렴하기 때문이다.

국제적으로 플라스틱에 관한 다양한 이니셔티브가 추진되고 있으나 여전히 국가나 지역 간 플라스틱 규제 수준에 격차가 있으며, 국제사회가 직면한 플라스틱 문제는 자발적 노력만으로 해결하기 어려운 상태이다. 그러나 각국 정부의 플라스틱 관련 환경 규제 강화는 석유화학 기업들에게 피할 수 없는 현안으로 다가오고 있다. 유럽연합 회원국은 2021년 1월부터 재활용되지 않는 플라스틱 폐기물 발생량에 비례하여 1kg당 0.8유로의 기부금을 부담시키고 있다. 미국에서도 바이든 행정부 출범 이후 2021년 3월 발의된 플라스틱 관련 법안에는 플라스틱 생산자에게 대대적인 생산자 책임을 부과하는 내용이 포함되는 등 플라스틱에 대한 규제가 강화되고 있는 추세다. 석유 기반 플라스틱 생산 기업들이 현행과 동일하게 신규 플라스틱(Virgin Plastics)에 의존할 경우, 확산되는 규제와 세금으로 인해 음료 산업 관련 기업은 향후 10년간 5%의 연간 영업 이익이 감소하고, 플라스틱 포장 기업 중 80%는 중기적으로 세전이익이 11~13% 하락할 것이라는 전망도 나오고 있다.

플라스틱은 환경에 영향을 가장 많이 미치고 있는 것으로 인식되고 있다. 이 같은 인식이 확산하는 요인은 폐기물 비중이 가장 클 뿐만 아니라 매립할 경우 자연 분해되는 데 수백 년이 걸리고 소각을 할 땐 다량의 온실가스를 발생시키기 때문이다. UN에서도 오는 2024년 말까지 플라스틱 오염 국제 규제 협약을 만들기로 합의했다

플라스틱 재활용은 에너지 안보의 수단이기도 하다. 플라스틱 재활용의 출발점은 환경이 아니라 에너지 안보강화 차원의 문제였다. 전 세계에서 가장 먼저 플라스틱 재활용 정책을 시작한 EU도 출발은 원자재 가격 변동에 따른 자원 안보 우려 차원에서의 순환경제였다. 2015년 유럽집행위원회에서 채택된 순환경제 실행계획(CEAP, Circular Economy Action Plan)에서 플라스틱 순환은 경제성장 의제로 논의되었으며, 효율적 자원 활용이라는 경제적 목표를 이룸과 동시에 탄소중립과 환경보호라는 목표를 같이 이루기 위한 수단으로 정의되었다.

현재와 같은 수준의 플라스틱 소비를 지속할 경우 2040년에는 약 80억 톤 규모의 폐플라스틱이 발생할 것으로 전망되는데, 이러한 폐기물 감축을 위한 전 지구적 노력이 진행될 것으로 예상한다. 각 경제 주체의 역할 수행 및 기술 개발이 원활히 이루어졌을 경우 플라스틱 폐기량의 약 58%인 46.4억 톤을 감소할 수 있는데, 이를 달성하기 위한 가장 핵심 영역은 재활용이다. 재활용을 통한 폐기물 감축 가능 비율은 38%로, 정부규제, 기업 및 소비자 참여 등 소비 제한을 통한 감축 19% 대비 약 2배 수준 높다. 이에 따라 플라스틱 재활용 시장의 높은 성장이 전망되며, 기술적으로도 물리적 재활용 방식의 고도화뿐 아니라, 화학적 기술의 상용화도 빠르게 진행될 것으로 보

인다(삼일PwC, 2022).

세계적으로 ESG 경영이 중요한 이슈로 떠오르고 각국의 환경규제에 고유가 상황까지 맞물리면서 폐플라스틱 재활용을 중심으로 한 순환경제 속도는 더욱 빨라지고 있다. 2030년까지 플라스틱 재활용 시장 규모는 약 2천만 톤까지 커질 것으로 예상하고 있는데 이는 2019년 약 1.3천만 톤 대비 연평균 4.5%의 성장이다. 환경적 차원과 경제적 차원 양면에서 석유화학 기업들에게 플라스틱 재활용은 피할 수 없는 거대 산업이 되어 가고 있다. 또한 화학적 재활용의 경우 2019년 0.6백만 톤에서 2030년 4.1백만 톤으로 연평균 17.1%의 고성장을 예상하고 있다(삼성증권, 2021).

글로벌 시장 조사업체인 포춘비즈니스인사이트는 전 세계의 재활용 플라스틱 시장 규모가 2020년 411억 3,000만 달러(약 55조 원)였으며, 연평균 8.2%씩 성장해 2028년에는 762억 3,000만 달러(약 102조 원)에 달할 것으로 전망했다. 조사 결과에 따르면 재생 플라스틱 시장 규모가 가장 큰 아시아 태평양 지역의 경우 2020년 243.5억 달러(약 32조 원)에 달했으며 주요 재생 플라스틱 소비국인 중국과 인도가 향후에도 가장 높은 시장 점유율을 차지할 것으로 분석했다(아시아경제신문, 2022.8),

국내 시장의 경우도 글로벌과 비슷한 움직임을 나타낼 것으로 예상된다. 2019년 기준 국내 플라스틱 재활용 시장의 규모는 1조 6,700억 원 수준으로 추산되는데, 향후 정부 지원과 기업의 ESG 기조하에 연 6.9%로 지속 성장하여, 2027년에는 2조 8,400억 원 규모의 시장을 형성할 것으로 예상한다. 품목별로는 재생 PET의 성장률이 8.1%

로 가장 높은데, 정부의 PET 사용 규제 등에 대응하기 위해 국내 포장재 및 화학섬유 업체들의 공격적인 투자가 지속되고 있고, 소비자들의 일회용품 사용 자제 운동 등에 힘입어 재생 PET 부문이 빠르게 성장할 것으로 전망한다.

플라스틱 재활용은 폐플라스틱 수거 및 기술적 한계로 인해서 물리적 재활용이 주를 이루고 성장이 예상되고 있지만, ESG경영의 일환으로 석유화학 업체들이 플라스틱을 열분해 방식으로 처리하는 화학적 재활용에 많은 투자를 하고 있어 기술수준이 지속적으로 높아지고 있으며 재활용 플라스틱의 양산에 의한 규모의 경제성 역시 나아질 것으로 예상한다. 또한 화학적 재활용은 매립되거나 소각되는 플라스틱 폐기물을 줄이기 위한 기계적 재활용 외의 유일한 방법이라고 할 수 있으며 열분해와 가스화는 플라스틱 순환경제를 달성하는 데 일부 기여한다고 볼 수 있다.

플라스틱 폐기물 처리 시 열분해와 가스화는 모두 폐기해야 하는 재사용 불가능한 잔류물을 생성하기 때문에 원형 폐쇄 루프 시스템을 만들지는 않지만, 플라스틱 폐기물의 이종 스트림을 처리하여 원료와 연료의 생산이 가능하다. 열분해와 가스화는 늘어나는 폐플라스틱의 소각 및 매립을 대체할 수 있으며 매립과 소각보다 더 바람직하다고 볼 수 있다. 즉, 기계적 재활용에서 열분해로 플라스틱 폐기물을 보내는 것이 소각보다 환경적으로 더 유리한 선택이며, 탄소감축 및 에너지 투입에 의한 탄소배출을 고려한 순 탄소배출량 감소에도 효과적이다. 열분해 공정을 통해 폐플라스틱을 분해하고 가스화 공정으로 수소를 생산하는 방식은 향후 수소경제 사회를 대비하는 경제성 있는 중요한 수소 생산기술 중의 하나가 될 것이며, 관련 수소 생산기술 및 이산화탄소 포집 및 활용 기술에 대한 지속적인 관심이 필요해 보인다.

세계적으로 플라스틱 제품의 생산과 제조 과정에서 환경에 미치는 영향을 고려하고 폐기물 발생을 원천적으로 예방하는 방안, 즉 일회용품 규제, 대체 소재 개발, 지속가능성을 고려한 제품설계 등의 노력 및 플라스틱의 기계적, 화학적 재활용 관련 논의가 지속될 것이며, 우리나라 역시 순환경제로의 전환을 위해 다양한 탈플라스틱 정책을 전개하고 있다.

통계청에서 발표한 우리나라의 플라스틱 폐기물 재활용률은 매우 높다. 우리나라의 플라스틱 폐기물 재활용률은 새로운 플라스틱을 만드는 엄격한 의미의 재활용 외에 폐플라스틱을 소각하여 난방 연료로 사용하는 에너지 회수까지 재활용으로 인정해 통계에 포함하고 있기 때문이다. 플라스틱의 자원순환 시스템을 구축하기 위해서는 사회 수용성을 담보한 재활용 기술의 개발, 재활용 원료/연료 시장 개척 및 확대, 재활용 원료를 제품에 투입할 수 있는 품질기준 설정, 플라스틱의 생산, 활용, 재활용을 포함하는 순환사회 구축을 위한 법 제도 구축, 그리고 생산자부터 소비자까지의 플라스틱 재활용에 대한 가치관 등이 중요하다. 이러한 기술, 법, 제도, 가치관 등이 플라스틱 재활용에 대한 시너지를 창출하고 성공적으로 우리사회에 안착되어야 할 시기인 것 같다.

참고문헌

김은아. 2023.4. 「플라스틱 순환경제 시나리오와 미래전략」, 국회미래연구원 국가미래전략 Insight 65호.

김형원. 2022.3. 「폐플라스틱활용 수소생산 기술동향과 전망」, The Plant Journal Vol.18. No.1.

박상우. 2018. 『포괄적인 폐기물 관리로 나아가는 EU의 플라스틱 전략』, 세계와 도시 + 특집.

서울신문. 2023.1.24. 2030년부터 일회용 식기 전면 금지… '탈플라스틱' 두 발 앞서가는. https://www.seoul.co.kr/news/newsView.php?id=20230125008002

아시아경제. 2022.8. 연 8.2% 성장…정유화학사, 플라스틱 재활용 시장 선점 '잰걸음'. https://www.asiae.co.kr/article/2022082011595608803

위정원. 2022. 『플라스틱 재활용 당위성과 기술 현황』, 교보지식포럼 KIF2022.

유원재 등. 2021.12. 『바이오플라스틱(Bioplastics)의 기초 및 최신 동향』, 국립산림과학원.

이성희. 2022.5.9. 「국제사회의 플라스틱 규제현황과 시사점」, 세계경제 포커스.

이은영 · 오선주 · 최형원. 2022.4. 『순환경제로의 전환과 대응전략 – 플라스틱과 배터리(이차전지)를 중심으로』, 삼일PwC 경영연구원.

이형석. 2022.5.4. 에너지정보문화재단, 내가 버린 플라스틱, 자원으로 재활용하려면?. https://blog.naver.com/energyinfoplaza/222720984138

조현렬 · 문경훈 · 조상훈. 2021.3. 『ESG 시대, 순환경제 – 플라스틱: 뿌린 씨를 거둘 때』, 삼성증권.

한겨레21. 2019.6.4. 235개 120만t⋯"헬프미" 전국은 쓰레기로 신음 중.

    https://www.hani.co.kr/arti/PRINT/896578.html

한겨레신문. 2022.5. 고물이 보물로⋯폐플라스틱 재활용이 뜬다.

    https://www.hani.co.kr/arti/society/environment/1042702.html

한국포장재재활용사업공제조합. 2017.12. 「플라스틱의 재활용 방법」.

CIEL. 2019.5. 『Plastic & Climate. The Hidden Costs of a Plastic Planet』.

OECD. 2022. 『Global Plastics Outlook: Policy Scenarios to 2060』.

4장

태양광 패널
순환경제

▼
▼

- 분산형 에너지시스템으로의 전환을 위한 필수기술: 태양광 수요 급증 → 폐모듈 배출량은 2030년에 설치될 세계 태양광 패널의 약 4% 수준 → 친환경 폐모듈 처리기술 개발이 필수
- 태양광 폐모듈 순환경제는 현재 미정립: 최근 재활용 정책이 강화
  - 유럽: 폐기물 처리지침 개정으로 폐패널/폐모듈 재활용 의무화
  - 우리나라: 재활용사업 공제조합 지정 및 생산자에게 출고량 대비 재활용 의무율 부여. '미래 폐자원 거점 수거센터' 운영
- 태양광 폐모듈 순환경제를 통해 고가치 자원 추출(알루미늄, 은, 구리)
  - 결정질 실리콘 태양전지를 중심으로 유용자원을 분리/회수

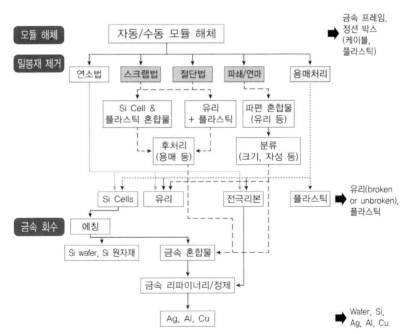

출처: 한국에너지기술연구원 기후기술전략센터, "자원순환: 태양광 폐모듈의 재활용 기술 동향", 2021.11.

[태양광 폐모듈 순환경제 공정체계]

태양광 패널
순환경제

4.1 태양광 시장

4.1.1 태양광 시장 동향

기후변화 대응을 위한 에너지 전환에서 화석연료를 대체하는 가장 많은 부분을 차지하는 재생에너지 발전이 태양광 발전이다. 국제 에너지 기구(IEA, International Energy Agency)의 넷제로 배출 시나리오(NZE, Net Zero Emissions Scenario)는 2050년 세계 전력의 40%가 태양 에너지에 의해 생산되는 것을 목표로 하고 있으며, 공표 정책 시나리오(STEPS, Stated Policies Scenario) 및 공표 공약 시나리오(APS, Announced Pledges Scenario)에서도 태양광 발전(Solar Photovoltaic Power Generation)을 필두로 재생에너지 발전의 지속 증가를 보여준다.

NZE 시나리오는 파리기후협약 목표인 '1.5도 이하'가 반영된 시나리오로, 2050년까지 전 세계 온실가스 순 배출량이 0(zero)이 되는 것이 전제되어 있다. STEPS는 세계 각국이 현재까지 발표한 에너지 관련 정책을 반영한 시나리오로, 미국의 경우 2022년 8월 발효된 「인플레이션 감축법(IRA, Inflation Reduction Act)」, 우리나라의 경우 2020년 7월 발표한 '그린뉴딜 정책' 등이 STEPS에 포함되어 있다. APS는 전 세계 정부의 기후 선언이 각국이 발표한 목표달성 시점에 완전히 충족될 것이라고 가정한 시나리오이다. 2020~2021년을 거쳐서 세계 각국 정부는 2030년, 2050년 등 국가 온실가스 감축 목표인 NDC(Nationally Determined Contribution)와 장기 저탄소 발전전략인 LEDS (Long-term low greenhouse gas Emission Development Strategies)를 발표한 바 있는데, APS는 이 내용들을 반영하고 있다.

우리나라는 온실가스 감축을 2018년 배출량 기준으로 2030년까지 40% 이상, 2050년에는 넷제로로 하겠다고 발표하였고, 전력부문의 경

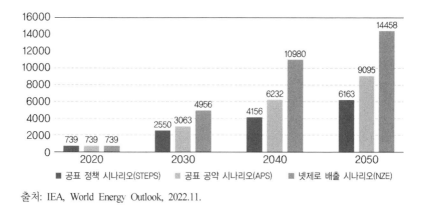

출처: IEA, World Energy Outlook, 2022.11.

그림 4.1 IEA 예측 2050년까지 세계 태양광 수요 전망(단위: GW)

우 태양광, 풍력 등 신재생에너지 전력발전 비중을 2030년 30.2%, 2050년 72.1%로 확대하겠다고 선언하였다.

세계적인 에너지믹스 개편으로 각국 정부의 탈탄소 정책과 친환경 에너지로의 전환 계획에 따라 재생에너지에 대한 투자가 본격화되고 있다. IEA에 의하면 2022년 재생에너지 설치용량은 2021년 대비 13% 증가한 340GW, 2023년 재생에너지 설치용량은 440GW를 예상하고 있다. 재생에너지 중에서도 태양광의 발전량과 시설 설치용량이 설치단가의 하락세와 맞물려 최근 급증하고 있다. 2021년 전 세계 태양광 설치량은 182GW이며, 한국수출입은행에서 발표한 '2022년 하반기 태양광산업 동향' 및 '2023년 상반기 태양광산업 동향'에 의하면 2022년 전 세계 태양광 설치량은 260~280GW, 2023년에는 340~360GW에 이

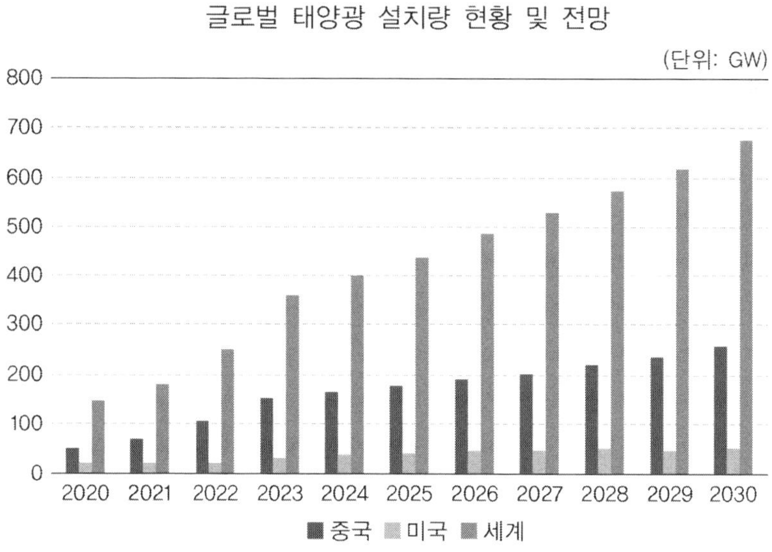

글로벌 태양광 설치량 현황 및 전망

(단위: GW)

출처: 한국수출입은행, 2023년 상반기 태양광산업 동향, 2023.7.

그림 4.2 세계 태양광 설치 용량

를 것으로 전망하였다. IEA는 2020년 전 세계 신규 발전소의 50%, 2025년에는 신규 발전소의 3분의 2를 태양광 발전소가 차지할 것이라고 전망했다.

재생 에너지는 글로벌 탄소중립 달성을 위한 NZE 시나리오에서 글로벌 전기 부문의 기반이 된다. 전력 생산에서 재생 에너지가 차지하는 비중은 2021년 28%에서 2030년 60% 이상으로 증가하고 있으며, 2050년에는 거의 90%에 가깝다. 재생 에너지의 총 설치 용량은 2030년까지 3배 증가하고 2050년까지 7배 증가할 것이다. 연간 재생 에너지 용량 추가는 2021년 290GW에서 2030년 약 1,200GW로 4배로 증가할 것으로 예상된다.

태양광과 풍력은 전기 부문의 탄소배출량을 줄이는 주요 수단으로, 2021년 발전량 비중이 10%에서 2030년 40%, 2050년에는 70%로

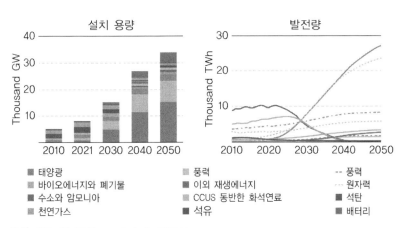

출처: IEA, World Energy Outlook, 2022.11.

그림 4.3 NZE 시나리오에서 발전 종류별 설치 용량 및 발전량, 2010~2050
(컬러 도판 p. 224 참조)

증가한다. 특히, 탄소중립 달성을 목표하는 대부분의 국가들이 기존의 주력 에너지원이었던 석탄 발전의 수명이 다하면 태양광 발전으로 대체할 것으로 보여, 풍력 발전에 대한 글로벌 수요도 높지만 설치 용이성, 접근성 등에서 유리한 태양광 발전의 높은 증가세를 예상할 수 있다.

태양광 수요는 최근 전 세계적인 에너지 안보의 중요성, 기후위기로 인한 식량 생산량 저하 등의 문제로 지속적으로 증가하고 있다. 특히 2022년 이후 전 세계 태양광 설치량 급증은 고유가 상황에 따른 경제성 향상 및 탄소중립 달성을 위한 재생에너지 보급 확대 기조에 따른 것으로 보인다. 나라별로는 중국 110GW, 미국 40GW 등 시장 수요를 이끄는 국가들의 수요가 여전히 양호한 가운데, 러시아/우크라이나 사태로 인한 전기가격 폭등으로 유럽 수요도 큰 폭으로 증가했다. 여기에 태양광으로 전기를 생산하는 데 드는 발전원가가 원유, 천연가스 등 화석연료 발전원가와 같아지는 그리드 패러티(Grid Parity)에 도달한 지역이 늘어남에 따라 개도국 수요도 증가할 전망이다.

유럽, 미국, 일본, 중국 등 에너지 전환 선진국들이 이끌었던 초기 및 1차 성장기를 지나 지난 2018년 그리드 패러티 도달과 함께 개도국을 중심으로 세계 태양광산업은 제2차 성장기에 진입했다. 글로벌 태양광 수요를 주도하는 미국, 중국 등의 태양광 발전단가는 석탄 및 가스발전 대비 가격경쟁력을 확보한 상황이다. 이는 추가적인 수요 증가로 이어지며, 선순환 구조에 진입했다. 2차 성장기에 진입한 세계 태양광산업은 고효율화 등 성능개선을 위한 기술개발을 통해 신규업체의 시장 진입장벽을 높이고, 에너지저장시스템(ESS, Energy

Storage System)을 결합한 분산전원 등 애플리케이션을 확장하려는 특성이 나타났다. 앞으로는 공급망, 고효율화 및 서비스화, 에너지 안보 등이 태양광산업 성장의 최대 이슈로 부상할 것으로 예상된다.

전 세계적으로 태양광 시장이 활발해지면서 우리나라의 태양광 시장까지 계속해서 성장 중이며, 친환경 에너지 태양광은 정부의 '그린 뉴딜', '재생에너지 3020' 등의 정책으로 발전 속도가 빨랐다. 우리나라 태양광 시장은 전 세계 8위에 이르는 규모로, 공사가 쉽고, 피크 시간대 전기요금 인하 등 부족한 수요에 민첩하게 반응할 수 있다는 장점으로 인해 증설되는 속도가 굉장히 빨랐다.

2023년 7월 발간된 한국 수출입은행 자료에 따르면 국내 태양광 시장은 2000년대부터 본격적으로 사업이 시작되어 2010년대 중반 이후 가파르게 성장하여 2020년 5.5GW 설치량을 기록하였다. 하지만 2023년은 전년 대비 15% 감소한 2.7GW가 설치될 것으로 예상되며, 2030년까지 연간 2.5~3.0GW 내외의 수요가 발생할 전망이다.

국내 태양광 설치량은 2030년 신재생에너지 비중을 21.6%로 하향

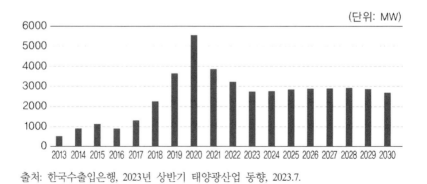

출처: 한국수출입은행, 2023년 상반기 태양광산업 동향, 2023.7.

그림 4.4 국내 태양광 설치현황 및 전망

조정하고 신재생에너지 발전 의무할당제(RPS, Renewable Portfolio Standards) 제도 폐지 및 경매제도 도입 검토, 전력도매가격을 나타내는 계통한계가격(SMP, System Marginal Price) 상한 고정 등 정부 정책 변경에 따라 일부 정체될 것으로 예상하나, 글로벌 공급망에서 RE100 이슈가 부상함에 따라 국내 제조 기업들의 태양광 수요는 크게 증가할 것으로 예상된다. 애플 등 글로벌 기업들은 국내 기업들에게 신재생에너지를 사용해 제품을 생산할 것을 요구하고 있으며, 향후 재생에너지를 사용한 제품의 생산 요구는 더욱 거세질 전망이다. 따라서 이러한 국내 기업들의 태양광 발전에 대한 수요는 국내 태양광 설치 수요의 큰 축을 담당할 것으로 예상된다.

국내 태양광 발전은 여전히 비싼 발전원으로 인식되고 있으나, 패널 가격의 지속적 하락 등으로 우리나라도 태양광 발전의 그리드 패러티 도달이 임박해 있다. 태양광 발전은 외부에 전량 의존하는 에너지 의존도를 낮추기 위한 수단으로도 그 중요성이 있으며, 청정에너지원에서 생산 전기를 사용해 제품을 생산해야 하는 그린무역 장벽도 강화되고 있기 때문에 태양광 발전과 타 에너지원과의 적절한 조합이 필요하다. 또한 태양광은 전력 공급이 부족한 지역의 문제를 가장 손쉽게 해결할 수 있는 발전원으로, 증가하는 친환경에너지에 대한 수요를 맞추기 위해서는 태양광 발전소에 대한 관심은 지속될 것이다.

한국에너지공단이 발간한 『2020 신재생에너지백서』에서는 우리나라 태양광 발전 시장 잠재량을 369GW로 분석했다. '2050 탄소중립위원회'가 공개한 2050 탄소중립 시나리오 초안에 따르면 재생에너지 비중을 최대 70.8%까지 늘려야 하는데 이 경우 태양광은 450GW 가 보급돼야 한다는 추산이 나온다. 태양광 발전의 시장 잠재량은 이에 부족하지만, 기술적 잠재량은 2,409GW로 기술발전 및 정부정책에 따라 2050년 탄소중립시나리오의 태양광 비중은 불가능하지 않으며, 신재생에너지 중 태양광 발전의 잠재량이 압도적임을 알 수 있다.

4.1.2 태양광 발전과 패널

태양광 발전은 태양광을 직접 전기로 변환시키는 발전 방식이다. 태양광 발전 시스템은 크게 발전기에 해당하는 태양광 패널과 태양전지에서 발전한 직류를 교류로 변환하는 전력변환장치인 인버터로 구성되어 있다.

태양광 발전 시스템의 구성요소 중 가장 핵심적인 부품은 태양전지이다. 태양전지는 기본적으로 반도체소자이며 빛을 전기로 변환하는 기능을 수행한다. 태양전지의 최소단위를 셀이라고 하는데 보통 하나의 셀에서 만들어지는 전압이 약 0.5~0.6V로 매우 작기 때문에 여러 장을 직렬로 연결하여 수 V에서 수십 V 이상의 전압을 얻도록 패널 형태로 제작하며 이를 태양광 패널 또는 모듈이라고도 한다. 태양광 패널은 약 15cm 크기의 셀이 연결된 형태로 "프레임-유리-밀봉재(EVA, Ethylene Vinyl Acetate)-태양전지-밀봉재-백시트-정션박스"의 구조로 되어 있다. 태양광 패널은 태양전지의 종류에 따라 크게 실리콘계, 화합물계, 유기계, 유/무기계로 나눌 수 있으며, 이 중 국내시장의 90%는 결정질 실리콘계(c-Si)가 차지하고 있다. 태양광 패널은 알루미늄 프레임 8%, 강화유리 76%, EVA/백시트(폴리머) 10%, 셀

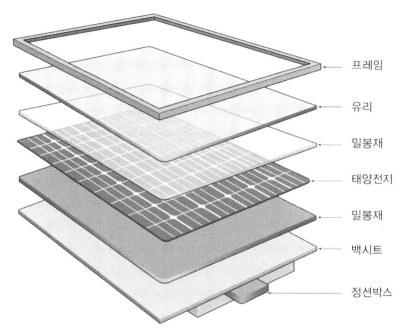

프레임

유리

밀봉재

태양전지

밀봉재

백시트

정션박스

출처: IEA, Snapshot of Global PV Markets, 2021.4.

그림 4.5 태양광 패널 구조

(실리콘) 5%, 귀금속인 구리와 은 1% 등으로 구성되어 있다.

에너지전환에 따른 태양광 설비의 수가 급증함에 따라 태양광 패널의 높은 수요로 패널의 재료와 광물에 대한 높은 수요도 지속될 것이다. 이 결과로 광물과 재료의 가격이 상승하게 되어 가격경쟁력에 부정적인 영향을 미칠 것이다. 가격경쟁력을 앞세워 시장점유율을 높이던 중국 태양광 기업들은 2021년부터 태양광 원부자재 공급망 점유율을 급격히 높이고 있다. 참고로 2021년 기준 글로벌 원부자재 생산용량을 살펴보면, 폴리실리콘은 약 82만 톤, 웨이퍼는 약 443GW로 각각 전년 대비 22%, 23% 증가했다. 여기서 중국의 폴리실리콘 생산용량은 64만 톤으로 점유율 78%, 웨이퍼는 425GW로 점유율 84%를 기록했다. 또한, 2021년 기준 글로벌 태양전지 생산용량은 약 508GW로 전년 대비 37% 증가했다. 이 중 중국 생산용량만 400GW로, 점유율 79%를 기록했다. 폴리실리콘, 잉곳, 웨이퍼, 셀 등 중국 기업들의 제품공급 없이는 세계 태양광산업 유지가 불가능한 상황이며, 태양광 수요는 해마다 증가하고 있다. 중국기업들의 제품공급 추이에 따라 태양광 원부자재의 가격이 급등락을 하고 있어 국내 태양광 기업들의 경영환경 역시 이에 의해 결정되고 있다.

4.2 태양광 폐패널 현황

4.2.1 태양광 폐패널 배출 전망

전 세계적으로 태양광 발전 시장이 급성장하면서 수명이 약 20~25년인 태양광 패널의 사용기간 만료와 리모델링 및 발전시설 폐쇄 등으로 폐패널이 대량으로 발생하는 것은 필연적이라고 할 수 있다. 태양광 설비의 수가 급증하고 공급 병목 현상이 발생할 위험이 대두됨에 따라 재활용 태양광 패널 부품에 대한 수요 역시 향후 몇 년 동안 급증할 것으로 예상된다. 급격히 늘어날 것으로 예상되는 태양광 폐패널 발생량과 관련하여 플라스틱, 폐배터리에서처럼 태양광 패널의 자원순환 체계 구축이 시급하다. 태양광 폐패널의 재활용 기술 및 신규 사업모델 개발의 필요성 또한 높아지고 있다.

국제재생에너지기구(IRENA, International Renewable Energy Agency)

는 태양광 패널의 수명을 30년이라 가정할 때 2030년 초부터 폐패널의 양이 급증할 것으로 예상한다. 이 양은 2030년에 설치될 세계 태양광 패널의 약 4%에 해당할 것으로 보았다. IRENA는 세계 태양광 폐패널의 배출량은 누적기준으로 2016년 44~250천 톤 규모에서 2030년에는 1.7~8백만 톤 규모로 증가하고, 2050년에는 60~78백만 톤 규모가 될 것으로 전망하였다. IRENA는 미래에는 태양광 폐패널의 약 85% 이상이 재활용될 가능성이 있다고 주장하고 있다.

세계 최대의 태양에너지 생산국인 중국은 2050년까지 적어도 총 1,350만 톤의 패널을 폐기할 것으로 예상된다. 이는 주요 태양에너지 생산국 중 가장 많으며, 미국이 폐기할 물량의 거의 두 배에 달하는 양이다. 전 세계적으로 패널에서 기술적으로 회수할 수 있는 원자재가 2030년까지 누적으로 4억 5,000만 달러에 달하며, 이는 약 6,000만 개의 새로운 패널을 생산하는 데 필요한 원자재 비용, 또는 18GW

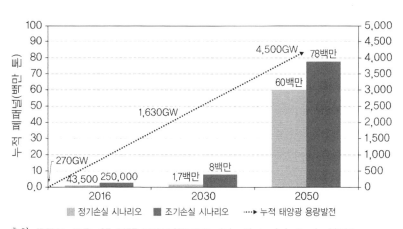

출처: IRENA, END-OF-LIFE MANAGEMENT - Solar Photovoltaic Panels, 2016.6.

그림 4.6 세계 태양광 폐패널의 배출량 전망

의 발전 용량과 맞먹는다고 밝혔다. 2050년까지 회수 가능한 가치는 누적하여 150억 달러를 초과할 것으로 예상된다.

우리나라 역시 최근 수명을 다한 태양광 패널이 쌓이면서 폐패널의 재활용에 대한 이슈가 확대되고 있다. 2000년대 초반부터 설치가 늘어난 태양광 패널의 교체 시기가 다가오기 때문이다.

국내 태양광 폐패널의 형태는 사용 후 발생된 폐패널과 제조 과정에서 발생하는 공정부산물로 크게 구분할 수 있다. 사용 후 발생된 폐패널의 경우는 주택(가정 및 공동주택), 공공기관, 발전소 등에서 발생되고, 공정부산물의 경우는 태양광 셀/패널 제조업체에서 주로 발생된다. 사용 후 발생된 폐패널의 배출 원인은 크게 고장으로 인한 교체와 사용만료, 리모델링, 철거 등으로 인한 폐기의 두 가지로 나눌 수 있다. 일반적으로 전자의 경우 소량의 폐패널이 배출되고, 후자의 경우 다량의 폐패널이 배출된다.

현재까지는 사용 후 철거된 폐패널의 발생량은 그리 많지 않으며, 대부분은 시공 과정에서 불량품으로 반품되어 발생되고 있다. 태양광 패널 중 관리 부실로 인해 유리가 파손되거나 출력이 저하되는 경우가 있으며, 자연재해로 인해 일부 태양광 패널의 사용이 불가능해질 수도 있다. 시공업체들에 따르면, 관리 부실로 인한 유리 파손이 고장 사례의 대부분을 차지하고 있다고 한다. 태양광 발전시설 확대는 태양전지 쓰레기 양산으로 이어질 수밖에 없다. 탄소중립 목표 달성을 위해 재생에너지를 늘려야 하는 상황에선 피하기 어려운 흐름이다.

환경부에 따르면 태양광 폐패널 발생량은 2019년 246톤, 2020년 767톤, 2021년 735톤이었다. 그러나 가정에서 배출되거나 소량으로 배출된 폐패널은 규모를 알 수 없어 그 수치에 대한 정확성은 의문이기도 하며 태양광발전으로 인해 오히려 환경이 오염된다는 비판도 나왔었다. 태양광 폐패널 발생량은 2023년 988톤, 2025년 1,223톤으로 점진적으로 증가할 것으로 예상되며, 이후 급증하여 2027년 2,645톤, 2029년 6,796톤, 2032년 9,632톤, 2033년에는 2만 8,153톤, 2045년엔 17만 6,217톤에 달할 예정이다. 폐패널 관리의 필요성은 시간이 지날수록 높아지고 있으며, 재활용을 통해 알루미늄, 은, 구리, 실리콘 등의 주요 자원을 회수할 수 있어 자원순환 측면에서도 체계적인 관리가 필요한 상황이다.

한국과학기술정보연구원은 태양광 폐패널의 세계 재활용 시장 규모가 2022년 2억 500만 달러(2,600억 원)에서 2026년 4억 7,800만 달러(6,000억 원)로 증가해 연평균 성장률이 20.2%에 이를 것으로 전망했다. 글로벌 에너지 분석 기업인 Rystad Energy는 2022년 발표한 보고서에서 태양광 폐패널 시장 규모는 2022년 1억 7,000만 달러(2,232억 원)에서 2030년 27억 달러(3조5,453억 원), 2050년에는 800억 달러(105조 원)로 전망한 사례도 있다 국내시장 규모 역시 2022년 151억 원 수준에서 2026년 176억 원으로 증가할 것으로 예측했다. 2030년 이후에는 성장성이 더 높아질 것으로 예상된다.

Rystad Energy는 태양광 폐기물이 2040년까지 연간 2,700만 톤으로 증가함에 따라 태양광 패널 재활용 투자가 현재 0.08%에서 2040년 6%까지 증가할 것이라고 분석했다. 올해 설치 비율을 기반으로 태양광 패널 수명을 15년으로 가정했을 때, 2037년 가장 큰 태양광 폐패널 시장을 중국으로 꼽으며 38억 달러(4조 9,886억 원) 시장 규모로 성장할 것이라고 추정했다. 2022년 중국의 태양광 설치 비율은 전 세계 40%를 차지할 전망이며 인도가 8억 달러(1조 494억 원), 일본이 2억 달러(2,623억 원), 대륙별로는 북미가 37억 달러(4조 8,518억 원), 유럽이 14억 달러(1조 8,358억 원)의 시장규모이다.

4.2.2 폐패널 재활용 이유

EU는 태양광 패널을 제대로 폐기하지 않았을 때 납과 카드뮴 등 유해금속으로 인해 인체와 환경에 영향을 미친다고 분석한다. 그리고 재활용 단계와 방식에 따라서 환경오염도가 달라진다고 본다.

태양광 설비가 엄청나게 증가된 시점에서는 수명을 다한 패널이 가져오는 환경부하를 줄이는 것이 필요하다. 특히 우리나라는 반도체 등 첨단 제조업이 발달한 것에 비해 광물자원이 부족하고 태양전지의 주요 원자재 대부분을 수입에 의존하고 있는 상황으로, 자원순환성을 제고할 수 있는 전주기형 보급 정책이 필요하다. 태양광 발전이 친환경 에너지로 자리 잡기 위해서는 태양광 패널이 증가함에 따라 같이 증가하는 폐패널의 처리를 단순 소각이나 매립으로 처리하는 것이 아닌 유리, 알루미늄, 실리콘, 구리 등의 원자재를 재활용할 수 있는 방안을 마련해야 할 것이다.

태양광 폐패널에서 가장 높은 가치를 지닌 재료로 알루미늄, 은, 구리를 꼽을 수 있다. 은은 태양광 폐패널 총 중량의 약 0.05%를 차지하지만 재료 가치의 14%를 차지한다. 또한 폴리실리콘을 재활용하려면 에너지 집약적인 공정이 필요해 재활용 폴리실리콘 가격은 높으며 유리는 태양광 패널에 많이 포함돼 있지만 재판매 가치는 낮다. 2035년 글로벌 태양광 설치 용량은 1.4TW에 이를 것으로 추정되며, 이 시점까지 재활용 산업계에서는 태양광 패널부품으로 폴리실리콘의 8%, 알루미늄의 11%, 구리의 2%, 은의 21%를 공급할 수 있어야 한다고 한다.

태양광 폐패널 재활용 시장은 선행시장인 태양광 발전시장에 따라 높은 성장성이 기대된다. 태양광 패널 재활용 과정은 가장 빠르게 성장하는 재생에너지 사업만큼이나 유망한 비즈니스가 될 사업으로 보인다. 노후화로 인해 효율성을 잃거나 결함이 있는 태양광 패널의 약 90%가 매립지로 가게 되기 때문에 수거 비용은 상대적으로 적으며 패널을 수거해 수익을 창출할 수 있다. 알루미늄 프레임과 전기 박스에서 패널을 분리하고 분쇄한 후 은, 구리 및 결정성 실리콘 등 귀중한 재료를 추출하며 재료들은 재판매되어 활용된다. 은과 구리 등 귀중품의 재사용 증가가 폐기물과 오염을 줄이는 순환경제를 크게 활성화시킬 수 있다.

태양광 패널을 재활용하면 독소가 누출되는 매립지의 위험도 줄일 수 있고 동남아시아로부터의 수입에 크게 의존하는 패널 공급망의 안정성을 높인다. 태양광 패널 제조업체의 원자재 비용도 낮출 수 있고 재활용 업체들을 위한 시장 기회도 확대된다. 하지만 현재 발생하고 있는 폐패널들에 대한 실태 파악은 어렵다. 「폐기물관리법」에 폐패널 처리 관련 규정이 있지만, 5톤 미만의 폐패널은 생활폐기물로 분류돼 지자체가 관리하는데, 신고 의무는 없기 때문에 통계관리가 되지 않는다. 이 때문에 폐패널은 그대로 방치되거나 매립되고 또는 개발도상국으로 기증되거나 싼값에 수출되기도 한다. 폐패널이 부적절하게 처리될 경우 납 등 유해물질에 따른 환경 유해성 우려가 높다. 향후 다량의 폐패널이 발생하고 재활용이 이루어지지 않는 경우에는 상당량이 매립되어 매립지 용량 부족이 우려되기도 한다.

2018년 환경정책평가연구원이 내놓은 보고서 내용 중 '일본에서 실시한 태양광 폐패널의 철거, 운반, 처리에 관한 비용편익 분석'에 따르면 10만 톤의 태양광 폐패널을 재활용할 경우 편익은 67억 4,700만 엔, 비용은 390억 5,500만 엔이 발생하고 매립할 경우의 편익은 10억 3,200만 엔, 비용은 353억 2,000만 엔이 발생한다고 한다. 즉 재활용 자체의 경제성을 떠나 매립보다는 재활용의 편익이 높다는 분석이다.

우리나라는 대량의 폐패널을 매립할 만한 조건도 되지 않는데다, 환경오염 물질 때문에 이를 방치해서도 안 된다. 활용할 경우 비용은 얼마나 소요되는지 2019년 국회 과학기술정보 방송통신위원회에서 조사하였다. 2045년까지 예상되는 폐패널 누적 발생량 155만 톤을 재활용하는 데 발생하는 비용은 6조 535억 원, 이로 인한 편익은 1조 482억 원으로 추정된다고 하였다. 5조 원이 고스란히 재활용에 들어가는 셈이다. 폐패널 재활용을 경제성의 관점으로만 보지 말고 환경적 측면에서 폐기물 처리의 과정으로 봐야 할 수도 있다. 하지만 그러기엔 사회적 비용이 너무도 크다. 애초 태양광 발전 도입 단계에서부터 이를 고려해 설계했어야 한다는 지적도 나온다. 우리나라가 태양광을 도입할 당시, 이미 외국에선 대부분 태양광 패널을 생산하는 기업에 책임을 묻도록 하는 제도를 시행 중이었지만, 우리나라는 폐기물 처리 방법은 나중에 생각하기로 하고 일단 보급에만 초점을 맞추었다. 태양광 도입을 위해 이미 막대한 보조금이 투입되었다.

우리나라도 태양광 폐패널의 재활용 필요성이 대두된 지 얼마 되지 않았는데도 불구하고 매우 시급한 사안이 되었다. 현재 「폐기물관리법」에 따라 태양광 폐패널 재활용 업체는 전국 두 곳으로, 경북 김천의 윤진테크, 인천 서구의 원광에스앤티다. 윤진테크는 전자부품, 폐가전제품 재활용, 폐유리, 폐합성수지 재생업, 비철금속 폐기물 수집 및 운반 기업이다. 원광에스앤티는 태양광 발전시스템 및 폐패널 재활용 기술 전문기업으로 한국에너지기술연구원으로부터 태양광 폐패널 재활용 장치에 대한 기술을 이전받아 태양광 폐패널 재활용 기술을 획득하였고 태양광 폐패널 자원순환사업을 이끌어 가고 있다. 또한 노후된 태양광 발전소의 모듈을 철기 및 재설치하여 수명을 연장하고 발전량도 상승시키는 태양광 리파워링 사업을 신성장 동력으로 확장해 나가고 있다. 2020년 3월 폐기물 수집운반업 허가를 취득

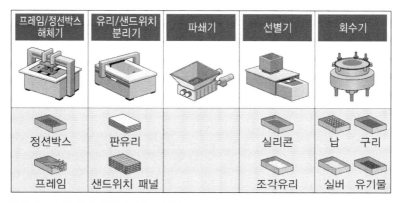

출처: 원광에스앤티 종합카탈로그 2023.

그림 4.7 자원순환 보유 장비

및 기존 태양광 네트워크를 활용한 물량수급 네트워크 구축을 완료하고 개발 핵심기술에 대한 지식재산권을 확보한 상태이다.

폐패널 관련 사업을 하고 있는 국내기업은 상기 두 기업 외에 우원테크, 라인테크솔라, 원광전력 등이 있다. 우원테크는 전기전자 관련 시험 장비와 신재생 에너지 관련 기업으로 태양광 발전기, 폐태양광 재활용 장치, 플라즈마 조명, 태양광 관련 장비 등을 생산, 판매하고 있다. 라인테크솔라는 친환경에너지 사업을 주력으로 하는 기업으로 태양광 발전사업, 태양광 시공, 태양광 철거 등을 사업분야로 수행하고 있다. 현재 태양광 패널 철거 사업을 수행하고 있지만, 폐태양광의 재활용 사업분야를 수행하고 있지는 않다. 폐패널 철거전문 기업으로 최근에는 태양광 리사이클 사업을 통해 무분별하게 폐기 처리되는 태양광 모듈을 관리하는 태양광 리파워링 사업을 강화하고 있다.

원광전력은 전기공사, 신재생 에너지 관련 사업들을 수행중인 중소기업이다. 이 회사는 전기 및 에너지 관련 공사가 주업이나 태양광 폐패널의 재활용 관련 기술을 개발, 사업화하려고 하고 있다. 해당 기술은 한국전력공사의 지원하에 개발하였다. 향후 태양광 폐패널의 재활용을 사업분야로 편입하기 위해 기술개발을 진행중이며 폐패널 재활용 장비를 기반으로 폐태양광 재활용 사업을 추진하고 있다.

4.3 태양광 패널 재활용 기술 및 연구개발 현황

4.3.1 태양광 패널 재활용 기술

국내에서 시장점유율이 가장 높은 결정질 실리콘계 태양광 패널은 알루미늄 프레임 8%, 강화유리 76%, EVA/백시트(폴리머) 10%, 셀(실리콘) 5%, 구리 1%, 은과 주석, 납 등 기타 금속 0.1%로 구성되어 있다. 태양광 업계에서는 이 같은 구성을 토대로 현재 기술 수준으로는 태양광 폐모듈의 구성 소재 중 최대 98%까지 재활용이 가능하다고 본다. 즉 국내 시장점유율이 높은 실리콘계 태양광 패널로부터 유리, 알루미늄, 은, 실리콘 등을 추출해 새 패널 제작에 재활용할 수 있다.

태양광 폐패널은 태양전지의 종류에 따라 재활용 기술이 다양할 수 있으며, 아직 폐패널 초기단계이므로 재활용 단계가 완벽히 정립되지는 않았다. 일반적으로 실리콘계 태양광 폐패널은 ① 폐기물의 회

표 4.1 실리콘계 태양광 패널 분석 분류

구성물질	재활용 방법	회수물질
프레임	물리적, 화학적, 열적, 광학적, 전기화학적	알루미늄(Al)
EVA(밀봉재)		유리
		셀
태양전지		실리콘(Si)
		은(Ag)
구리선		구리(Cu)

출처: 정인수, 태양광 패널 재활용-태양광 폐패널의 재활용 산업 확대에 따른 기업 기회 확대, ASTI MARKET INSIGHT 2022-072.

수단계, ② 정션박스(Junction box), 프레임 등 부품별 분류·분리 단계, ③ 밀봉재 제거 단계, ④ 폐 소자로부터 금속 추출 단계 및 ⑤ 회수된 원자재/부품 이용 제품의 재제조·재활용 단계로 구분할 수 있다. 각 세부단계 사이에는 부가가치가 없는 자원을 환경부하가 적도록 매립·처리하는 기술이 포함된다.

태양광 폐기물은 일반 및 산업 폐기물로 분류되어 일련의 처리과정이 필요하다. 위의 5단계를 간략히 요약하면, ① 알루미늄 프레임과 정션박스 등을 제거하는 단계를 거친 후에 ② 적층구조로부터 밀봉재를 제거하는 단계, ③ 실리콘(Si), 은(Ag), 카드뮴(Cd), 텔루라이드(Te), 셀레늄(Se), 인(In), 갈륨(Ga) 등의 유용 및 독성 금속을 회수하는 단계로 구성된다고 볼 수 있다. 밀봉재를 제거하는 과정이 전체분리 공정 중 가장 기술적 난이도가 높은 단계로 평가된다.

밀봉재의 주 회수대상 물질인 유리는 패널 무게의 약 75% 이상을 차지하며, 유리 재활용 공정을 통해 회수된 유리조각은 유리폼 또는 유리섬유와 같은 단열 재료로 사용가능하다. 태양전지 기술개발 연구는 패널 효율성과 비 실리콘계 태양전지 시장 점유율을 2014년 7%에서 2030년 29.6%로 확대시킬 뿐만 아니라 전력 단위당 필요한 실리콘, 접착제 등의 고가 물질과 잠재적 유해물질의 사용량을 감소시켜 폐모듈 내 유리 비중은 더욱 확대될 전망이다. 적층 유리(Laminated Glass)의 경우 기존 유리 재활용 업체가 별도의 설비 투자없이 일반적인 유리 재활용 처리기(Glass Recycler)로 저비용 공정을 통해 재활용이 가능하다. 적층구조 폐모듈로부터 밀봉재를 제거한 이후 태양전지 소자 및 폐용액으로부터 금속 회수가 가능하다. 밀봉재 제거과정은 500~600℃ 이상의 가열을 통해 제거하는 연소 제거법과 유기용매로 녹여 제거하는 유기용제법, 절단, 분쇄, 컷팅 등을 이용하는 기계적 방법 등으로 나뉜다. 밀봉재를 제거한 후 금속 추출을 위해 분쇄 및 선별과정을 거치는데 질산, 불산, 혼산 등의 용매를 이용한 용매침지법, 식각법 등을 사용한다.

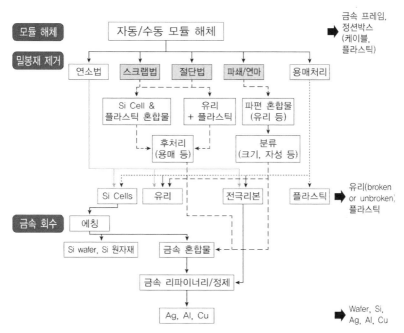

출처: 한국에너지기술연구원 기후기술전략센터, "자원순환: 태양광 폐모듈의 재활용 기술 동향", 2021.11.

그림 4.8 결정질 실리콘 폐모듈의 재활용 공정흐름도의 예

4.3.2 국내외 패널 재활용 기술 연구개발 현황

세계 주요 국가는 2010년도 초반부터 주로 결정질 실리콘 태양전지를 중심으로 폐패널이 재활용될 수 있도록 유리, 금속 등의 유용자원을 분리·회수하는 기술과 물질의 고순도 분리 또는 회수율 등을 위한 심화 연구 및 R&D 프로젝트를 진행하고 있다. Eco recycling, Mitsubishi, YingLi Solar와 같은 태양광 및 유리가공 기업과 우리나라의 한국화학연구원, 한국에너지기술연구원 등의 출연연이 대표적인 태양광 폐패널 재활용 연구기관이다. 연구개발 분야는 가열 커터를 이용한 기계적 분리, 유기용제를 이용하여 밀봉재를 제거하는 화학적 분리, 고온 가열을 통해 백시트 및 밀봉재를 연소 제거하는 가열법 등이다.

유럽에서는 PV CYCLE이라는 단체를 중심으로 태양광 폐패널의 회수 및 재활용이 이루어지고 있으며, 유럽 내 국가들과 협력해 폐패널 재활용을 위한 공동 연구프로젝트를 추진하고 있다. CU-PV 프로젝트(Cradle-to-cradle Sustainable PV Modules Project, 2012~2015)에서는 태양광 폐패널의 처리 과정에서 발생하는 환경영향을 최소화하기 위한 방법론을 도출하고자 하였다. PV Mo.Re.De 프로젝트(Photovoltaic Panels Mobile Recycling Device Project, 2013)에서는 태양광 폐패널 모바일 재활용 장치 개발을 목적으로 이동식 또는 고정식 기반으로 작동하는 컨테이너를 개발하는 프로젝트를 추진하였다. FRELP 프로젝트(Full Recovery End of Life Photovoltaic Project, 2013)에서는 수명이 다한 결정질 실리콘 폐태양광 패널을 100% 재활용하는 것을 목표로 7,000톤/년 용량의 자동화 플랜트를 구축하는 프로젝트를 5년간 진행하였다. FRELP 연구결과, 알루미늄과 구리는 99%의 회수율을 보였으며, 유리 98%, 실리콘 금속 95%, 은 94%의 높은 회수율을 보였다.

일본에서는 키타큐슈시에 태양광 발전 재활용 거점 도시를 조성하였고 2015년부터 태양광 발전 리사이클 기술개발 프로젝트를 추진하고 있다. 토호카세이(Toho Kasei)는 습식 공정 방법으로 무거운 유리가 하단에 가라앉고 가벼운 Si+EVA는 상단에 떠오르는 비중 차이에 의한 패널 분리 공정을 개발하였다. 하마다(Hamada)는 저비용으로 태양광 폐패널을 재활용하는 기술을 연구하는 것을 목표로 열처리 또는 화학적 처리가 아닌 절단용 폼 커터인 핫나이프(Hot Knife)를 이용하여 물리적으로 판유리를 분리하는 기술을 연구하였다.

중국에서는 중국 전자공학연구소(IEE, Institute of Electrical Engineering) 주도로 태양광 폐패널 원료를 재활용하는 기술개발 프로젝트를 진행하였으며, 중국 환경과학연구원(CRAES, Chinese Research Academy of Environmental Sciences)은 가열로에서 반복적인 열처리를 통해 기존 유기용매 이용 대비 단시간에 판유리 및 셀을 분리하는 연구를 진행하였다. 그리고 잉리솔라(YingLi Solar)는 태양광 패널을 파쇄한 후 −197°C에서 분쇄하고 실리콘 혼합 파우더(Si, Ag, Al 등), 백시트, 밀봉재의 세 가지 분말을 물리적 방법으로 회수하는 친환경적인 방법을 연구하였다. 물리적 방법을 통해 얻은 분말은 약 90%의 재사용률을 보였으나, 실리콘은 낮은 순도로 인해 태양광 패널에 재이용되지 못하고 있다.

표 4.2 주요 국가의 태양광 폐기물 재활용 기술 R&D프로젝트 현황

국가	프로젝트명	수행기관	기간	회수자원
유럽	CU-PV	ECN	2012~ 2015	Si, 금속
	Photolife(c-Si PV, thin-film PV로부터 유리 및 주요 자원 회수)	Ecorecycling (이탈리아)	2014~ 2017	유리, 금속
	Full Recovery End-of-Life Photovoltaic(FRELP, PV 패널 100% 재활용을 위한 혁신 기술 개발)	Sasil, SSV(이탈리아), PVCYCLE(벨기에)	2013~ 2017	유리, 금속
	PV-Mo.Re.De	LaMiaEnergia Scarl(이탈리아) 등	2013~ 2016	유리, 금속
	Reclaim(CIGS PV, 고체 조명, 전자폐기물로부터 Ga, In, 희토류 금속 재생)	TNO(네덜란드) 등 6개국 11기관	2013~ 2016	유리, In, Ga
일본	c-Si PV 모듈 재활용 기술 개발	Mitsubishi Materials Corp.	2015~ 2018	프레임,유리, Ag
	습식 공정에 의한 c-Si PV의 고차원 재활용 기술 개발	Toho Kasei Co., Ltd	2015~ 2016	Full-scale 유리, 금속
	가열 커터를 이용한 c-Si PV의 유리, 금속의 완벽한 재활용 기술 개발	Hamada Corp.& NPCIncorporated	2015~ 2018	유리, 금속
	적층 CIS 모듈의 저비용 해체 기술 실증	SolarFrontier K.K.	2015~ 2018	유리, CIS층, Mo
	범용(c-Si, thin-film Si, CIS) PV 모듈을 위한 저비용 재활용 공정 개발	Shinryo Corporation	2015~ 2017	Full-scale 유리, 금속
중국	가열 방법에 의한 PV 모듈 재활용	중국환경과학연구원 CRAES	2012~ 2015	유리, 금속
	기계적 방법에 의한 PV 모듈 재활용	YingLi Solar	2012~ 2015	유리, 금속, 플라스틱
한국	실리콘계 태양전지 폐모듈로부터 희유금속 회수 및 고순도화 기술 개발	한국화학연구원	2009~ 2012	실리콘
	화합물계 태양광모듈 환경성영향평가 기반 구축	한국산업기술시험원	2010~ 2012	기반 구축

국가	프로젝트명	수행기관	기간	회수자원
한국	태양광발전시스템 폐자재의 철거회수 및 부품분석평가에 의한 재사용 통합공정 개발	㈜심포니에너지 등	2011~2013	Si, Ag, Cu
	태양전지 모듈 재자원화 기술개발	디에스엠유한회사, 전자부품연구원 등	2013~2016	Si, Al, Ag, Cu
	신재생 분산발전 핵심기술 개발(폐 태양광 모듈 유용소재 회수기술 개발)	한국에너지기술연구원	2013~2015	유리, Si, Al, Ag, Cu, Sn, Pb
	결정질 실리콘 태양광 폐모듈의 저비용/고효율 재활용 공정시스템 및 소재화 공정 기술 개발	디에스프리텍, KIER 등	2016~2019	유리, Si, Al, Ag 등
	결정질 실리콘 태양전지 폐패널 재활용 기술개발	한국에너지기술연구원	2018~2020	유리, 금속, 플라스틱

우리나라는 2016년에 정부 R&D 사업을 통해 디에스프리텍 등 5개 기관이 '결정질 실리콘 태양광 폐모듈의 저비용/고효율 재활용 공정시스템 및 소재화 공정기술 개발(2016~2019)'을 수행하였다. 비파쇄 방식으로 상온에서 패널을 분리하는 공정을 개발하여 기존 열적 공정 대비 연간 64% 수준으로 전력소모를 줄였으며, 기존 파쇄 공정 대비 고품위 소재 회수가 가능하게 되어 수익성을 2.5배 향상시켰다. 유가금속 회수 기술에는 습식 공정과 건식 공정이 있으며, 산 처리를 통해 전극층을 용해하고 은, 구리 및 실리콘 웨이퍼를 회수하는 습식 공정과 열처리를 통해 주석−납 합금을 분리하는 건식 공정을 개발하였다.

한국에너지기술연구원은 산업통상자원부에서 지원하는 한국산업기술진흥원 국제 공동기술개발의 일환으로 한국에너지기술연구원이 주관하고 독일 Loser Chemie GmbH와 2018년부터 3년간 공동연구

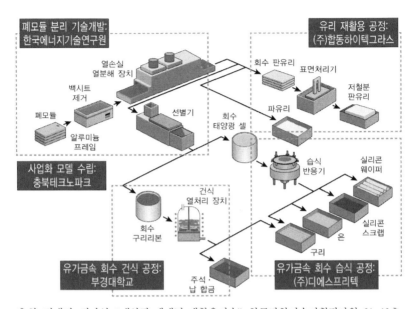

출처: 김태경, 김가영. "태양광 폐패널 재활용기술", 한국과학기술기획평가원, 21–13호.

그림 4.9 결정질 실리콘 태양광 폐패널의 재활용 연속식 통합공정 시스템 구축

를 수행하였다. 2020년 상온에서 동작해 에너지 소모량을 기존 공정 대비 3분의 1 수준으로 줄이면서 고품위 소재 회수가 가능해 수익성 이 2.5배 우수해진 태양광 폐패널 재활용 기술을 개발하였다. 기존 태양광 재활용 기술이 봉지재를 열분해해 패널 내 부품과 소재들을 고순도로 회수하거나 패널 전체를 파쇄하는 방식으로 공정비용을 줄 인 반면, 이 기술은 재활용 공정 중 열원 사용이 극도로 억제되어 하 루 2톤 처리량 기준 연간 약 205.6MWh 이상의 에너지 소모가 절약 될 것으로 전망하였다. 한국에너지기술연구원은 패널을 구성하는 부 품 중 65% 이상이 저철분 고급유리인데 실리콘과 같은 불순물이 혼 입된 경우는 kg당 40원 내외로 판매되지만, 불순물이 없는 경우 kg

당 100원 이상의 판매가격 상승이 가능할 정도로 수익성이 향상될 것으로 분석하였다.

2021년 8월, 한국에너지기술연구원은 2020년에 개발한 실험실 규모의 태양광 폐패널 재활용 기술을 상용화가 가능한 수준으로 스케일업했으며, 에너지 소모량도 추가 절감하였다. 재활용 기술을 통해 회수한 소재를 다시 사용해 고효율을 내는 태양전지와 모듈을 만들었다. 핵심 공정은 유리 분리로, 자체 개발한 장비를 통해 태양광 패널 내 유리와 봉지재 계면을 분리시킴으로써 100%에 근접하는 유리 회수율을 얻었다. 비파손 패널뿐 아니라 파손 패널 모두에 적용할 수 있으며, 공정 최적화를 통해 기존에 개발한 공정 대비 전력소모를 3분의 1 이상 추가로 줄였다는 것이 특징이다.

개발 기술은 비파쇄 방식으로 분리된 부품과 소재들이 섞이지 않아 패널을 구성하는 부품 중 65% 이상이면서 철분 함유량이 200ppm 미만인 고급유리를 고순도로 회수해 수익성을 높일 수 있다. 이 연구는 상용 72셀의 대형 패널을 대상으로 테스트해 100%에 근접한 유리 회수율을 보임으로써 상용 수준의 기술력을 입증했다. 더 나아가 폐패널로부터 회수한 실리콘을 정제해 6인치 단결정 잉곳(Ingot) 및 웨이퍼를 만든 후, 일반적인 태양전지 제작 공정을 통해 20.05%의 고효율 태양전지를 재제조하였다. 재활용 웨이퍼에 최적화된 제작 공정을 적용한다면 더 높은 태양전지 효율을 충분히 얻을 수 있을 것으로 기대하고 있다.

2021년 5월 4일 한국에너지기술연구원은 '결정질 실리콘 태양전지 폐패널 재활용 기술'로 ㈜에이치에스티와 기술 이전계약 체결식

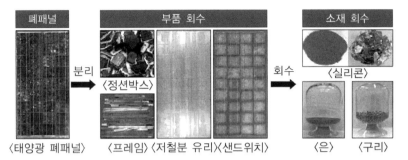

폐패널	부품 회수			소재 회수	

〈태양광 폐패널〉　분리 →　〈정선박스〉　〈프레임〉〈저철분 유리〉〈샌드위치〉　회수 →　〈실리콘〉〈은〉〈구리〉

출처: 한국에너지기술연구원 기후기술전략센터, "자원순환: 태양광 폐모듈의 재활용 기술 동향", 2021.11.

그림 4.10 태양광 폐패널 재활용 기술 개발 공정 개념도

을 진행하였다. 개발된 기술이 국내기업에 이전됨으로써 태양광 순환경제 인프라 구축이 탄력을 받을 것으로 기대하고 있다.

2015~2020년 태양광 폐패널 재활용 기술 분야에 대한 정부 R&D 투자규모는 총 53,425백만 원 수준이며, 연평균 11.5%의 증가율을 보이지만 그 규모가 타 국가연구과제의 투자규모에 비하면 아직 미미한 수준이다. 관련 폐기물에 대한 이슈를 해결하기 위해 2020년 4월 자원기술 R&D 투자 혁신전략(안)을 부처 협동으로 수립해 효율적인 재활용을 위한 자원기술 R&D 전략을 발표하였다. 이를 이행하기 위해 2021년 4월 자원기술 R&D 방향의 구체화, 중점 투자영역 도출 등의 로드맵을 수립하였고, 지속 가능한 자원순환 측면에서의 물질 재활용, 재제조 분야의 R&D 투자를 강화해 성능복원 고도화 및 품질평가·인증기술 확보로 재활용 극대화를 목표로 제시하였다.

4.3.3 태양광모듈연구센터

태양광모듈연구센터는 충청북도가 시행하고 진천군을 비롯해 충북테크노파크, 한국에너지기술연구원, 한국산업기술시험원, 녹색에너지연구원, 한국건설생활환경시험연구원, 한국법제연구원이 참여하여 2016년 11월 조성을 시작해 2021년 11월 말 완공하였다. 충북 진천군 문백면에 축구장 2개 정도인 1만 5,847m²(약 4,793평)의 부지면적, 건축 연면적 3,812m²(약 1,153평), 총 사업비는 188억 4,800만 원이 투자됐다. 조성된 센터에는 프레임 해체 장비, 백 시트 제거 장비, 강화유리·셀 분리 장비, 모듈분해 장비, 대기방지시설 등 관련 장비를 구축해 폐모듈 수거부터 분리·해체, 재활용을 위한 전주기 처리 시설을 갖췄다. 센터 자체로도 하루 15톤, 연 3,600톤에 달하는 태양광 모듈을 재활용할 수 있는 규모를 갖추고 있다. 이는 민간 태양광 모듈 재활용 기업들과 비교해도 적지 않은 양이다.

태양광모듈연구센터가 주목받는 이유는 2023년 1월부터 시행된 EPR 제도 때문이다. 태양광 모듈을 재활용할 수 있는 기업은 국내에 몇 곳 존재하지만, 정부와 연구기관이 투자해 세운 태양광 모듈 재활용 시설은 태양광모듈연구센터가 유일하다. 연구센터는 에너지기술연구원과 협업해 실증을 걸친 재활용 기술을 2곳의 민간 기업에 기술이전을 하는 등 설립 취지에 맞춰 국내 태양광 모듈 재활용 기술 확산에 이바지하고 있다.

연구센터는 이론적으로 98%의 폐패널 재활용률을 달성할 수 있다고 설명한다. 연구센터는 '열분해'와 '물리적 분해' 두 가지 방법으로 태양광 패널을 재활용한다. 표면의 강화유리에 손상이 없는 패널은 물리적 방식으로, 강화유리가 깨진 패널은 열분해 방식으로 재활용한다. 처음 사업 계획 단계에서는 '화학적 분해' 방식도 적용을 검토하였으나 화학약품 사용으로 인한 오·폐수의 발생과 전문적인 화학약품 기술 확보 등 리스크와 경제성 측면에서 제외되었다.

이곳의 태양광 재활용 공정은 크게 프레임 해체, 백시트(Back Sheet) 제거, 강화유리/셀(Cell) 분리 및 패널분해 등으로 나뉜다. 먼저 2대의 프레임 해체 공정에 태양광 폐패널이 투입되면 프레임과 정션박스가 분리된다. 알루미늄으로 이뤄진 프레임은 물론이고 플라스틱으로 된 정션박스 또한 재활용된다. 다음으로 백시트를 분리하는 공정을 거쳐 정상 패널은 강화유리/셀 분리 공정으로 이동되는데 최근에는 백시트 분리 공정을 거치치 않는 방식을 적용하고 있다. 재활용 과정을 통해 분리된 셀과 리본(Ribbon)은 제련소가 구매해간다. 강화유리가 손상되지 않은 정상 패널은 핫 나이프(Hot Knife) 방식으로 유리와 셀/밀봉재 시트를 분리한다. 이 과정에서 셀/밀봉재 시트는 긴 족자처럼 둥글게 말려 회수되는데 운반 및 보관이 쉬워진다. 모듈과 분리해 한편에 세워둔 강화유리는 자동차 샌딩처럼 흔적을 제거했기 때문에 백시트의 흔적이 거의 남지 않게 된다.

폐기물이 입고되면 법적으로 30일 이내 처리하고 60일 이내에 재활용 용품으로 나가야 한다. 연구센터는 20일치만 보관할 수 있도록 설정해 신고했기 때문에 20일이 넘어가면 불법이 된다. 태양광 모듈을 투입하는 작업이나 분리된 시트가 가득 찼을 때 트레이를 교환하는 과정 등을 제외하면 대부분이 자동화로 되어 있어 재활용 과정을 소화하는 모듈연구센터의 직원 수는 총 5명이다.

4.4 정부 정책

4.4.1 우리나라의 폐패널 재활용 제도 및 정책

태양광 패널의 생산자책임재활용제도는 태양광 패널 생산자에게 재활용에 대한 책임을 부여하여 생산자로 하여금 일정량의 폐패널을 직접 회수해 재활용하는 것을 의무화하는 제도이다. 생산자가 이 의무를 이행하지 않을 경우 재활용 부과금을 부과한다.

우리나라 환경부는 2023년 1월 제1차 자원순환 기본계획(2018~2027)에 따라 2022년까지 태양광 패널 회수·보관 체계를 구축하고 재활용 기술개발 등 기반을 마련하고,「전기·전자제품 및 자동차의 자원순환에 관한 법률」에 태양광 폐패널 품목을 포함하였다. 환경부가 패널 생산자에게 출고량 대비 재활용 의무율을 부여하면 생산자는 공제조합에 분담금을 납부하는 방식이고 공제조합은 분담금을 통하여 생산자의 재활용 의무를 대행한다. 2023년 1월부터 EPR(Extended Producer Responsibility)이 시행되며, 업체는 회수한 폐패널을 80% 이상 재활용해야 한다. 또한 정부는 태양광 폐패널 등의 재사용·재활용을 위해 이의 수거 및 보관을 위한 '미래 폐자원 거점 수거센터'를 구축할 예정이다.

「전기·전자제품 및 자동차의 자원순환에 관한 법률 시행규칙」에 따르면 태양광 패널은 해체·선별·파쇄 등의 중간 처리 과정을 거쳐 재사용 가능한 부품을 재사용하거나 소재별로 분리해 재활용해야 한다. 이때 중금속에 해당하는 크롬, 6가크롬, 구리, 카드뮴, 납, 비소, 수은은 유해 물질 기준 미만으로 관리해야 한다.

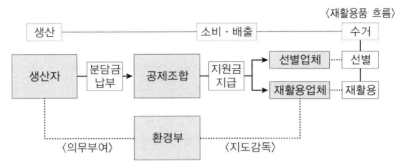

〈재활용품 흐름〉

생산 —————————————— 소비·배출 —————————————— 수거

생산자 —분담금 납부→ 공제조합 —지원금 지급→ 선별업체 ···· 선별

재활용업체 ···· 재활용

〈의무부여〉 환경부 〈지도감독〉

출처: 환경부, 태양광 폐패널 재사용·재활용 확대 추진, 2019.8.27.

그림 4.11 우리나라 생산자책임재활용제도 운영체계

    2023년 1월 10일 환경부는 2023년 태양광 패널 제조·수입업체가 재활용해야 하는 폐패널 의무량을 159톤으로 확정했다. 태양광 패널 재활용 의무량은 최근 3년 폐패널 발생량에 조정계수(0.25)를 반영해 산출되었다고 한다. 태양광 폐패널 발생량은 2020년 37.4톤(326kW), 2021년 261.1톤(2천278kW), 2022년 149.7톤(1천306kW) 등 최근 3년 평균 149.4톤에 이른다. 업체별 재활용 의무량은 아직 확정되지 않았다.

    환경부는 EPR 적용 관련 업무를 수행하기 위한 기관으로 한국전자제품자원순환공제조합인 E-순환거버넌스를 재활용사업 공제조합으로 인가하고 2023년 재활용의무량을 확정하였다. 재활용 의무 미이행 부과금도 2023년 2월 정해졌다. 2023년부터 태양광 패널 제조업체는 태양광 폐패널 재활용 의무를 이행하지 못하면 kg당 727원의 부과금을 내야 한다. 태양광 폐패널 회수 의무를 이행하지 못한 생산자에게는 kg당 94원의 부과금이 징수된다. EPR은 생산자가 최종단계인 재활용까지 책임져 환경보호에 나서게 하는 것이 제도의 취지

이기 때문이다. 여기에 매년 산정되는 재활용비용 산정지수를 곱해 재활용부과금이 정해진다. 폐패널이 발생하면 회수 후 가입된 재활용 업체로 인계돼 법률에 따라 재활용된다.

2023년 1월 발표된 '태양광 폐패널 관리 강화 방안'을 자세히 살펴보면, 주요 내용은 1) 자원순환형 패널 생산 2) 해체 안전관리 강화 3) 수거·재활용 체계 개선 4) 관리·서비스 기반 강화 등이다. 폐패널 재활용·재사용률을 3년 내로 EU 수준인 80% 이상으로 끌어올리는 것이 주 목표이다.

우선 태양광 패널 생산 단계에서부터 재활용이 쉬운 구조의 태양광 패널을 설계·생산하도록 유도하기로 했다. 기술 검증과 업계 협의를 거쳐 태양광 패널을 환경성보장제(EcoAS) 사전관리 대상에 포함하고 공공부문에서부터 환경성보장제 적격 패널을 사용하도록 할 계획이다. 차세대 태양전지 모듈 재활용 기술을 포함한 재활용 고도화 연구·개발 추진 및 이동형 성능 검사 장비 활용도 확대할 예정이다.

해체 시 안전관리도 강화하기로 했다. 태양광 설비는 전력계통을 차단하더라도 패널에서 발전이 지속돼 감전, 화재 등의 위험이 있다. 이를 위해 설치공사와 같이 해체공사도 전기분야 전문업체가 수행하도록 법령을 정비하고 안전한 시공을 위해 패널 설치·해체 절차를 담은 표준시방서를 제작한다.

수거 단계에서는 폐패널이 발생하는 규모와 형태에 따라 맞춤형 수거 체계를 마련하고 자연재해로 인한 폐패널 대량 발생에도 대비한다. 공제조합이 설립된다면 '가정용 폐태양광 패널 회수체계'를 마련, 가정에서 콜센터에 수거를 요청하면 공제조합이 일괄적으로 이를 다시 재활용 업체로 인계되도록 할 예정이다. 발전 사업용에 대해서는 '전국 거점수거체계'를 마련, 재활용업체에 인계되도록 할 계획이다. 자연재해 등으로 산지 태양광 폐패널이 다량 발생할 경우에는 전국의 권역별 미래폐자원 거점수거센터를 중심으로 보관체계를 운영하고 긴급상황 발생 시 지자체와 환경공단 간의 비상연락체계를 구축해 태양광 폐패널 보관체계 및 절차를 지자체·사업자 등에게 신속히 안내할 계획이다.

처리 단계에서는 현재 운영 중인 재활용 업체 2곳을 7개 업체로 확대하는 등 5대 권역별 자체 재활용체계를 구축한다. 내륙의 4대 권역은 신·증설 추진 중인 6개 업체가 2023년부터 권역별 재활용을 수행하며 제주권은 2023년 하반기 중 운영할 예정이다. 참고로 2023년 현재, 「폐기물관리법」에 따른 태양광 폐패널 재활용 업체는 전국 두 곳으로 경북 김천의 윤진테크(경북 김천, 처리능력 3,600톤/년)와 경기 인천의 원광에스앤티(인천, 처리능력 600톤/일)이다. 두 곳을 합치면 연간 4,200톤의 처리능력으로 2027년 발생 예상량인 2,645톤은 처리가 가능하며, 2023년 말 가동을 목표로 하는 5곳이 추가되면 연간 처리능력이 2만 1,200톤으로 늘어난다. 추가 5곳은 충북테크노파크(충북 진천, 3,600톤/년), 태형리싸이클링(경북 김천, 6,000톤/년), 라인테크솔라(전남, 2,000톤/년), 윤진테크 2공장(전북 전주, 2,400톤/년), 원광에스앤티(인천, 3,000톤/년 증설)이다. 또한 폐패널 회수·재활용에 소요되는 물류비용 절감을 위해 전국 17개 시·도별로 중간 집하시설 설치를 추진하기로 했다. 2023년 내 시도별 집하시설 설치를 완료하고 2025년까지 200곳으로 확충해 기초지자체의 단위 집하체계로 운영할 계획이다.

폐패널 발생 저감을 위해 재사용 가능 패널 활용에 대한 지침도 마련한다. 외관 상태, 발전·절연 성능 등을 포함한 재사용 기준을 제시해 재활용 처리 이전에 재사용 가능성을 점검하도록 유도하고 EPR에 적용할 회수의무량은 재사용 물량을 고려해 산정할 예정이다. 개도국을 대상으로 폐패널 처리시설·기술을 지원하는 자원순환형 공적 개발 원조(ODA, Official Development Assistance)를 추진할 계획이다. 아울러 정부는 태양광 패널의 전주기 종합정보를 국민 눈높이에 맞게 제공할 예정이다. 2023년부터 시행되는 태양광 패널 대상 EPR을 계기로 관계기관 협업을 통해 태양광 패널 관련 정보 관리·활용 방안을 마련하기로 했다. 향후에는 폐패널 발생량 예측치의 신뢰성을 높여 적정 수준의 설비투자와 정확한 회수·재활용 의무량 산정이 가능하도록 지원한다는 계획이다.

4.4.2 외국의 폐패널 정책

국외 태양광 폐패널 배출 및 회수에 관한 정책은 국내보다 활발히 논의되고 있다. EU는 2014년 태양광 패널을 폐전기전자제품 처리지침(WEEE, Waste Electrical and Electroni Equipment) 규제 대상에 포함했고 폐태양광 사후관리를 위한 특별 지침 및 법을 유일하게 보유하고 있다. 특정 단체를 중심으로 회수와 재활용을 시행하는 방식이다. WEEE에 따라 태양광 패널에 사용되는 재료의 85%를 수집하고, 80%는 재활용에 사용하고 있다. EU 내 시판되는 폐전기·전자제품의 매립, 소각을 방지하기 위해 폐패널의 회수(Recovery), 재사용

(Reuse), 재활용(Recycle) 비율을 지정하고 폐패널 수거 및 폐기 시 발생하는 비용은 모두 생산자 부담 원칙에 따르도록 하고 있다. 또한 유럽에 태양광 패널을 설치하는 모든 생산자에게 자체 회수 및 재활용 시스템을 운영하도록 하거나 생산자 준수 체계(PCS, Producer Compliance Scheme)에 참여하도록 의무화하고 있다. 유럽 집행위원회는 유럽 전기기술 표준위원회(CENELEC, Committee European de Normalisation Electrotechnique)에 다양한 태양광 폐기물에 대한 수집 및 처리에 대한 기술사양 및 표준 등을 개발하도록 요청하였다.

독일은 EU정책과 별도로 2015년 10월부터 Directive 2012/19/EU 지침이 독일 전기·전자제품법 ElektroG로 전환됨에 따라 폐패널의 수집 및 재활용에 대한 의무화 효력이 발생하였다. 독일은 EAR재단 (Stiftung Elektro-Altgeräte Register)을 통해 폐패널을 포함한 전자폐기물을 발생시키는 생산자를 등록 및 관리하며, ElektroG법에 따라 태양광 생산자 및 제조업체에게 폐기물 재활용 및 처분에 대한 비용 등의 책임을 부과한다.

영국은 2014년 1월, Directive 2012/19/EU를 UK WEEE법으로 도입하고 태양광 폐기물의 수거 및 재활용을 위한 자금 조달을 목적으로 하는 별도 규정을 신설하였다. EPR을 준수하여야 하는 태양광 패널 생산자에 태양광 패널을 자사 제품으로 제조·판매하는 영국 제조업체, 영국 시장에 태양광 패널을 수입하는 업체, 영국 시장에 태양광 패널을 판매하는 업체를 포함시켰다. 시장 점유율 기준으로 가정용 패널의 수거 비용을 부담하는 등 특별한 자금 조달 조항을 포함시켰는데, 특정 연도에 영국 시장에 10% 신규 패널을 보급한 생산자는 다음 해에 수거된 폐패널의 10%를 수집하고 처리하는 데 소요되는 비용을 부담하게 된다.

미국은 태양광 폐기물의 사후관리를 위한 연방 규정은 존재하지 않으나, 캘리포니아, 워싱턴 등 주 단위로 태양광 폐모듈을 관리하는 법안 발의 및 제정을 추진하고 있다. 미국 캘리포니아주는 유해물질 관리국이 독성 폐기물로 인식되는 태양광 폐모듈을 일반 폐기물로 변경할 수 있도록 권위를 부여하고, 태양광 재활용 시스템 개발을 장려하는 Senate Bill-489 법안을 2015년 발의하고 범용 유해 폐기물로 관리할 수 있도록 2021년에 통과시켰다. 이 법안은 「태양광발전 모듈 수집 및 리사이클법」이라고도 한다. 태양에너지산업협회와 우드맥킨지의 보고서에 따르면, 미국의 태양광 발전 용량은 2023년부터 2027년까지 연평균 21% 증가할 것으로 예상된다. 특히 주택용 태양광 설비에 대해 30%의 세액 공제를 제공하는 「인플레이션감축법(IRA, Inflation Reduction Act)」이 촉매제 역할을 한다. 미국 에너지부(DOE, Department of Energy) 산하 국립재생에너지연구소(NREL, National Renewable Energy Laboratory)의 추산에 따르면, 오는 2030년까지 예상되는 폐태양광 패널 면적은 약 3,000개의 미식축구 경기장 정도의 규모다. 그러나 업계의 재활용률은 10% 미만인 실정이다. 또한 워싱턴주는 제조업체에 태양광 폐모듈의 재활용을 위한 프로그램 및 자금 조달방안을 마련하게 하는 내용을 포함한 Senate Bill-5939 법안을 통과시켰다. 이 법에 따라 기업의 자발적 참여에 따라 자체 재활용 처리 설비 및 프로그램을 운영하며 태양광 폐기물 재활용 책임을 준수하게 된다. 2023년 7월부터 제조업체가 주 내에서 2017년 이후에

판매된 태양광 패널의 회수 및 재활용을 할 수 있도록 자금 지원하며 최종 소비자에게 부담을 주지 않는 정책을 시행하였다. 세계 태양광 패널 제조업체 10대 기업 중 유일한 미국 업체인 퍼스트솔라(First Solar)는 2005년에 태양광 모듈의 리사이클링 프로그램(Recycling Module Collection and Recycling Program)을 만들어 운영하고 있다. 카드뮴(Cd), 텔루라이드(Te)의 환경규제에 대응하기 위하여 만들어졌으며, 실리콘 태양전지 리사이클링 프로그램을 위해서 유럽 PVCycle 제도와 유사한 정책을 도입해 실시하고 있다.

참고로 미국에서 태양 전지판을 매립지에 재활용하지 않고 무단으로 투기하면 kg당 1~2달러의 벌금이 부과된다. 지역에 따라 다르지만 유해 폐기물로 간주되면 5달러까지 상승한다. 문제는 유해 폐기물을 수용하는 매립지를 찾기가 어렵다는 점이다. 법적 책임을 져줄 매립지는 더더욱 찾기 힘들다. 폐패널 재활용 회사는 모든 법적 책임을 지고 처리를 대행해 줄 수 있으며, 재활용을 통해 수익을 창출한다. 예를 들어, 추출된 알루미늄은 보크사이트를 채굴해 운송하고 정제해 알루미늄을 생산하는 것보다 전체 에너지 면에서 95%를 절약할 수 있으며, 태양광 패널을 재활용하면 패널당 97파운드의 탄소 배출을 줄일 수 있을 것으로 추정했다. 패널로 재사용할 경우 전체 라이프사이클에서의 탄소 절감 수치는 1.5톤 이상으로 증가한다고도 알려져 있다. 미국 태양광에너지산업협회(SEIA, Solar Energy Industries Association)에는 태양광 패널 재활용 서비스를 제공할 수 있는 비즈니스로 5개 회사만이 등록되어 있다. 미국 환경보호국(EPA)에 따르면 폐패널 재활용 산업은 아직 초기 단계에 있다. 공급망이 아직 제대로 확립되지도 않았다. 태양광 패널 재활용 비즈니스가 미국에서 본격적으로 시작되었지만 아직 대규모로 일어나고 있지는 않은 상황이다.

일본은 2002년「순환형사회형성추진기본법」을 제정하여 가전, 자동차, 산업폐기물 등 개별물품의 특성에 따라 개별법을 만들고, 이를 준수하기 위한 기본계획을 수립하였다. 기본계획은 총 물질투입량, 자원채취량, 폐기물 발생량 등의 억제, 재사용, 재생이용을 통한 천연자원 소비억제와 환경부하 저감을 목표로 추진되었다. 2015년 경제산업성과 환경성은 재생에너지 설비 사용 후에 대한 수거, 재활용, 적정처리를 위한 전략 로드맵을 수립하였는데, 기술 R&D, 친환경적 설계, 사용자 대상 해체·처리·홍보 등의 내용을 포함하고 있다. 현재 일본은 태양광 폐기물을 위한 별도 규정이 없어 폐기물 관리를 위한 일반 규정에 의거하여 처리되나, 2016년 4월 태양광 폐기물의 해체, 수집 및 운송, 재사용, 재활용 및 처분에 대한 기본 가이드라인이 일본 환경성을 통해 발표되어 관련 규정이 곧 법제화될 것으로 예상한다.

태양광 시장 점유율 세계 1위를 기록하고 있는 중국은 태양광 폐기물 관련 특별 규정은 없으나, 사후관리방안을 위한 특별법·제도 마련의 필요성은 인정하고 있다. 2009년「순환경제사회 전환 촉진법」을 제정하여 폐기물 감량, 재활용, 자원화 활동을 규정하여 추진하였지만, 태양광 폐패널 규정은 없다. 2011년에 전자폐기물의 회수 및 재활용 관련 규정은 수립되었지만, 태양광 폐패널은 포함되어 있지 않다.

4.5 태양광 패널 재활용 전망

전 세계 에너지전환 정책의 일환으로 태양광 발전 설치 단가가 하락되어 경제성을 기확보한 태양광 중심의 재생에너지 보급이 이루어지고 있다. 가까운 시기에 태양광 폐패널은 급격히 증가할 전망으로, 순환경제를 위한 친환경 폐패널 처리방안이 필요하다. 태양광 발전에 대한 수익성 논란이 있으나, 우리나라도 태양광 발전의 그리드 패러티 도달이 임박해 외부에 전량 의존하는 에너지 의존도를 낮추기 위한 수단으로의 폐패널 재활용의 중요성은 높아지고 있다. RE100과 같이 재생에너지원에서 생산된 전기를 사용해 제품을 생산해야 하는 그린무역 장벽도 강화되고 있어 태양광 수요는 지속적으로 늘어날 것으로 예상된다. 이에 따라 에너지 절감 및 친환경적인 태양광 폐패널 재활용 기술개발 및 패널의 생산부터 소비, 회수 및 재활용까지의 폐패널 관리 시스템이 더욱 중요해지고 있다.

우리나라도 머지않아 태양광 폐패널 주요 배출국 대열에 합류할 전망으로, 자원순환형 태양광 폐패널 재활용 사업모델 개발을 통한 산업 경쟁력 확보가 필요할 것이다. 경제성이 담보된 재활용 기술 개발은 폐패널의 방치 및 폐기를 방지하여 환경보호에도 큰 도움이 될 것으로 본다. 유럽은 폐기물 처리 지침 개정을 통해 태양광 폐모듈의 재활용을 의무화하여 폐모듈 재활용 기술 분야에서 앞서 있는 반면, 우리나라는 2023년부터 EPR제도를 시행하여 E-순환거버넌스를 재활용사업 공제조합으로 인가하고 2023년 재활용의무량을 확정한 상황이나, 재활용에 소요되는 비용 확정, 각 회사별 재활용 의무량 산정 등 재활용 시스템이 정상적으로 작동하기까지는 약간의 시간이 더 소요될 것으로 예상한다. 국내 폐패널 재활용 연구개발은 실리콘계에 초점이 맞춰진 상황으로 다양한 태양전지 구성물질을 고려하여 태양전지 시장점유율 변화 전망에 대응한 비실리콘계 패널 재활용 원천기술 개발도 필요하며, 유럽 등 기술선진국과의 기술격차 해소를 위해 국내 태양광 패널 제조업체의 자발적인 참여와 국가 연구개발 예산 확대 등 지속적인 연구개발 지원도 필요하다.

태양광 폐패널을 포함한 신규 발생 폐자원은 유리, 금속, 화학물질 등의 복합적인 구성물질로 이루어져 있어 재활용 기술개발을 위한 부처 간 고유 역량을 고려한 협업이 필요하다. 현재 재활용된 태양광 패널 재료의 재판매 가격으로는 폐태양광 패널의 운송, 분류 및 처리 비용을 보상할 수 없기 때문에 폐태양광 패널을 매립하는 것은 쉽고 저렴한 옵션으로 보일 수 있다. 하지만 폐패널 재활용 업체의 빠른 성장으로 대규모 사업화가 가능해지고 향후 태양광 패널 제작에 필요한 광물 수요 증가에 의한 광물가격 상승은 재활용 관련 비용의 하락 및 재활용 재료의 단가 상승으로 재활용 사업의 사업성에 도움을 줄 것이다.

물리적으로도 수명이 다한 태양광 폐패널의 재활용은 이러한 필요 광물에 대한 공급을 완화시킬 수 있으며 탄소배출량까지 줄여줄 수 있을 것으로 본다. 잠재적인 미래 탄소세 상승은 재활용 산업의 상당한 가치 상승과 함께 비용 상황을 다시 한번 변화시킬 전망이다. 향후 증가하는 에너지 비용, 향상된 재활용 기술 및 정부 규제는 가장 가까운 매립지가 아닌 더 많은 폐패널을 재활용에 보내는 시장의 길을 열어줄 수 있을 것이다.

　폐패널 재활용 사업의 향후 사업 환경은 양호할 것으로 보인다. 주택 소유자 및 농장 소유자 등 태양광 패널 소유자가 태양광 폐패널 재활용 서비스를 직접 이용할 수는 없으므로 폐패널 수거는 비교적 용이할 것으로 기대된다. 태양광 패널 공급업체의 경우도 재활용 공정 관련 설계 및 기술 전문지식이 필요하기 때문에 폐패널 재활용 시장으로의 진입 가능성은 낮으며 새로운 재활용 업체가 진입하기 위하여 재활용 시설 및 유통 채널에 자본을 투자하기에도 규제시장의 특성상 어렵다고 할 수 있다.

　사용 기한을 늘려 태양광 패널 폐기분을 줄이는 것이 폐기물 문제 해결의 한 방법으로 고려될 수 있다. 즉, 내부 부품을 교체하여 새것처럼 업데이트해서 재사용하는 것이다. 일부 패널은 집 근처에서 전력 효율이 높을 필요가 없는 곳에서 재사용 가능하다. 수리된 패널을 이용하는 태양광 발전소를 건설하는 곳도 있다. 태양광 패널 폐기 시 발생하는 막대한 폐기 비용 대신, 부품교체 및 보수를 통해 태양광 패널의 잔존수명을 연장한 후 저렴하게 판매하여, 자원 재활용과 선순환을 통해 환경오염을 방지할 수 있다고 본다.

　국내에는 사용이 완료된 태양광 패널을 재사용할 방법이 없다. 현재 발생한 폐패널은 국내 재사용 인증기준의 부재로 동남아시아 등으로 수출되고 있어 국내 재사용 활성화를 위해서는 제품 안정성 기준이 마련되어야 한다. 20년이 지난 국내 태양광 패널은 관련 인증이 말소되며, 20년 후 정상적으로 기능하는 패널도 대부분 중고로 해외에 수출되고 있는 것이다. 해외시장의 경우 재사용 관련 인증 및 폐기물과 연관된 수출 불확실성이 존재한다. 따라서 국내 재사용 시장을 활성화할 필요가 있으며 이를 위해서는 외관검사, 패널 세정, 절연저항검사, 출력검사, EL카메라검사, 바이패스다이오드검사 등을 실시하여 제품의 안정성을 우선 확보하여야 할 것이다. 이와 동시에 태양광 폐패널이 국내에서 재사용될 경우 이를 회수실적으로 인정할 것인지를 검토해야 할 것이다. 폐패널의 재사용과 재활용 기준이 부재한 상황에서 EPR 시행에 대한 산업계의 부담을 점진적으로 완화하기 위해서는 패널 재사용에 대한 기술체계 정립 및 적정 처리 기준을 확보하는 것이 필요할 것이다.

우리나라의 태양광 폐패널 재활용 산업은 초기 단계로, 태양광 패널의 20~25년 정도되는 제품 수명 때문에 관심이 미미하였으나 환경적 영향을 최소화하기 위한 재활용 요구가 증가하고 있어 향후 높은 성장성이 예상된다고 할 수 있다. 폐패널의 회수 및 적정 처리를 위해, 제품 설계부터 재사용, 재활용에 이르기까지 체계적으로 기술개발 단계 및 기술체계 정립이 필요하며 이를 위한 통계관리, 유해물질 사용 저감 및 해체·재활용 용이성을 고려한 전 과정에 걸친 자원순환 체계가 정립되어야 할 것이다.

참고문헌

강정화. 2023.2. 『2022년 하반기 태양광산업 동향』, 한국수출입은행.

강정화. 2023.7. 『2023년 상반기 태양광산업 동향』, 한국수출입은행.

김민경 · 조항문 · 남현정. 2019.6. 『태양광패폐널 관리체계 구축방안』, 서울연구원.

김태경 · 김가영. 「태양광폐패널 재활용기술」, 한국과학기술기획평가원, 21-13호.

양진영. 2022.12.30. 르포_충북테크노파크의 태양광모듈연구센터를 가다, 전기신문 https://www.electimes.com/news/articleView.html?idxno=313363

정인수. 2022. 「태양광 패널 재활용 – 태양광 폐패널의 재활용 산업 확대에 따른 기업 기회 확대」, ASTI MARKET INSIGHT 2022-072.

정한교. 2022.7. 글로벌 태양광 수요 지속 상승세… "공급망, 에너지 안보 등이 향후 시장 이끌 것", 인더스트리뉴스.

조지혜 · 서양원 · 김유선. 2018.5. 「태양광 폐패널의 관리 실태조사 및 개선 방안 연구」, 한국환경정책평가연구원.

한국에너지공단. 2020.12. 『신재생에너지백서』.

한국에너지기술연구원. 2021.11. 『자원순환: 태양광 폐모듈의 재활용 기술 동향』, 기후기술전략센터.

한국에너지기술연구원. 2022. 「Below 1.5℃ – Solar Panel Waste」, vol. 3.

환경부. 2019.8.27. 『태양광 폐패널 재사용 · 재활용 확대 추진』.

환경부. 2023.1.5. 『태양광 폐패널 대량 발생에 선제적으로 대비하기 위해 「태양광 폐패널 관리 강화 방안」 마련』.

IEA. 2021.4. 『Snapshot of Global PV Markets』.

IEA. 2022.11. 『World Energy Outlook』.

IEA. 2023.6. 『Renewable Energy Market Update Outlook for 2023 and 2024』.

IRENA. 2016.6. 『END − OF − LIFE MANAGEMENT − Solar Photovoltaic Panels』.

Rystad Energy. Reduce, reuse: Solar PV recycling market to be worth $2.7 billion by 2030, https://www.rystadenergy.com/news, 2022.7.

찾아보기

컬러 도판

본문 p. 8

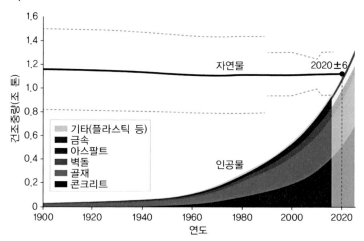

출처: Weizmann Institute of Science, 2020.

그림 1.3 인류문명 발전에 따른 인공물의 증가

본문 p. 32

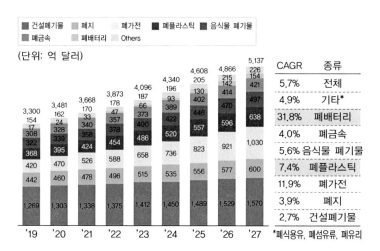

출처: 삼일PwC, 2022.

그림 1.11 전 세계 재활용 시장 전망

본문 p. 41

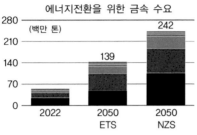

에너지전환을 위한 금속 수요

에너지전환을 위한 금속 시장가치 전망

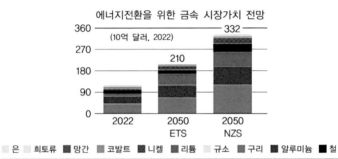

은　희토류　망간　코발트　니켈　리튬　규소　구리　알루미늄　철

ETS : Economic Transition Scenario　　　NZS : Net Zero Scenario

출처: BloombergNEF, 2023.

그림 1.15 에너지전환을 위한 주요 금속 수요 및 시장가치 전망

본문 p. 176

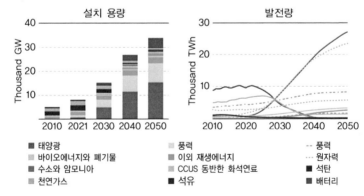

태양광　　　　　　　　　풍력　　　　　　　　-- 풍력
바이오에너지와 폐기물　이외 재생에너지　　··· 원자력
수소와 암모니아　　　　CCUS 동반한 화석연료　석탄
천연가스　　　　　　　　석유　　　　　　　　배터리

출처: IEA, World Energy Outlook, 2022.11.

그림 4.3 NZE 시나리오에서 발전 종류별 설치 용량 및 발전량, 2010~2050

저자

김기현 강원대학교 탄소중립융합학과/수소안전융합학과 객원교수로 재직하면서 기후변화, 수소경제, ESG투자·경영, 순환경제를 연구하고 있다. 서울대학교에서 자원공학(공학석사)과 기술경영경제정책(경제학박사)을 전공하고, 자원개발기업과 IT서비스업계에서 30년간 재직하였다. 공동저서로는 『기후변화와 에너지산업의 미래』, 『2050 에너지레볼루션』, 『2050 수소에너지』, 『2050 ESG경영』 등이 있다.

박창협 강원대학교 에너지자원공학과 교수로 재직 중이며 탄소중립융합학과, 수소안전융합학과를 겸직하고 있다. 서울대학교 지구환경시스템공학과(공학박사)를 졸업하고 석유 및 천연가스공학, 이산화탄소포집저장활용, 수소안전 등의 에너지공학분야를 연구 중이다. 공동 저서로 『비전통자원개발공학』이 있다.

이동성 강원대학교 탄소중립융합학과/수소안전융합학과 객원교수로 재직하면서 에너지경제학, 재무관리 등을 강의하고 있다. 서울대학교 자원공학과(공학박사)를 졸업하고 증권사와 은행에서 유틸리티/에너지관련 기업분석, 포트폴리오 매니지먼트, 프로젝트 경제타당성 분석 등 다양한 가치평가 및 투자관련 업무를 수행하였다.

천영호 서울대학교 지구환경시스템공학부에서 박사학위를 취득하였으며, 유전/가스전/LNG 사업 투자, 관리, 운영 등 에너지 프로젝트 관련 업무를 국내외에서 25년 이상 수행하였고, 해외 에너지 사업 관련 강의를 통해 에너지 및 자산운용전문가 양성에도 기여하였다. 최근에는 신재생에너지 중심의 에너지전환, 수소에너지 및 순환경제 등을 연구하고 있으며, 공동저서로 『2050 에너지레볼루션』, 『2050 수소에너지』, 『광구개발 실무』 등이 있다.

2050
순환경제

초판발행 2024년 5월 20일

지 은 이 김기현, 박창협, 이동성, 천영호
펴 낸 이 김성배
펴 낸 곳 도서출판 씨아이알

책임편집 신은미
디 자 인 안예슬 엄해정
제작책임 김문갑

등록번호 제2-3285호
등 록 일 2001년 3월 19일
주   소 (04626) 서울특별시 중구 필동로8길 43(예장동 1-151)
전화번호 02-2275-8603(대표)
팩스번호 02-2265-9394
홈페이지 www.circom.co.kr

I S B N 979-11-6856-230-1 93530

이 책은 강원대학교 수소안전클러스터 융합대학원(No. 20224000000080)의 교재로 활용할 수 있습니다.